信州の絶景は
どのように
できたのか

刊行にあたって

信州大学名誉教授　赤羽貞幸

最近「〇〇の絶景」という言葉をよく見聞きする。絶景とは一般的にすぐれた景色、ほかに較べられるものがないほどすぐれた景色などをいう。信州には昔から絶景や名勝と呼ばれているところが多い。しかし、それらの絶景が秘めているすばらしさ、すぐれている理由や根拠を問われると、しっかり答えられる人は少ない。絶景に関してやさしく解説した解説書もない。そこで信州の絶景を選定し、それに答えられるような本を作成することにした。

信州の大地は山や谷に富んでおり、とりわけ絶景と呼ばれている場所は多い。これらの絶景地は、すでに国立公園・国定公園・県立公園などに指定され、保護されている。もう少し狭い範囲での絶景地は、国や県の天然記念物にも指定されている。また、最近は〇〇〇の日本一、〇〇〇の百選など各種の選定がおこなわれ、県内各所が選ばれている。なお「日本の絶景百選」などもある。

いざ絶景の選定に取りかかると、信州の数ある絶景の中からどこを取り上げるかで悩んだ。そこで本書で扱う絶景は、信州を代表する自然景観のうち、成り立ちが地学的な現象に関連する絶景に絞ることにした。

選定箇所は、次のような条件を考慮している。
①多くの人が観光などで現地を訪れている絶景（上高地・志賀高原・安曇野など）
②全国的に信州の絶景として知られている絶景（八方尾根・槍ヶ岳・霧ヶ峰など）
③交通の便がよく比較的簡単に現地を訪れることができる絶景（白糸の滝・雷滝・白駒池など）
④どのようにしてできたのか意外と知らない絶景（戸隠山岩壁・長野盆地・姨捨棚田・軽井沢高原など）
また、絶景と呼ぶには少し苦しいが珍しい温泉や盆地など特異な風景や歴史的風景も取り上げることにし、全県的に選定した。当初は数多くの絶景が候補に挙がったが、読みやすい1冊の本におさめるという性格から全体を66か所に絞った。

本書の構成では、これらを類似の性格をもつ「山と高原」「川と湖」「盆地と湿原」「温泉と名勝」の4つの章に分けた。各章での項目の配置は、基本的に北信・東信・中信・南信への順に配置した。また、読みやすくするため、絶景1か所を見開き2ページにおさめ、本文と写真のスペースを半々とした。本文では、大見出しで「この絶景の秘密がどこにあるのか」「なぜできたのか」「いつできたのか」などのなぜ、どうしてという疑問を投げかけ、本文の中にその回答を赤字で簡潔に示すことにした。

なお、最後に本文の内容についての根拠となる代表的な文献を文献リストとして付した。大地の研究は日々進歩しており、最新のデータや根拠をもっと詳しく知りたい方は参考にしていただきたい。

読者の皆様には、個々の絶景のもつ意味合いをご理解いただき、是非現地を訪ねてもらいたい。本書が信州の自然のすばらしさを再確認する手がかりとなれば幸いである。

目次

第2章 川と湖の絶景 55

第3章　盆地と湿原の絶景　103

第4章　温泉と名勝の絶景　127

26 姫川渓谷
苗名滝 40
34 野尻湖
小菅山 66
烏甲山 3
苗場山湿原 54
白馬三山 8
55 栂池自然園
1 66 戸隠山
白馬大雪渓 9
2 飯縄山
23 千曲川
切明温泉 57
58 地獄谷噴泉
八方尾根 10
4 35 志賀高原
41 雷滝
46 長野盆地
36 仁科三湖
42 米子瀑布群
5 四阿山
59 松代温泉
上信越道
鷹狩山 51
25 犀川
47 姨捨棚田
27 高瀬渓谷
上田城
浅間山 6
43 白糸の滝
長野道
48 塩田平
槍ヶ岳 11
50 軽井沢高原
安曇野の湧水 64
小諸城
24 布引観音
63 氷風穴
穂高連峰 12
52 松本盆地
49 佐久平
上高地 13
松本城
16 美ヶ原
7 荒船山
和田峠 65
60 白骨温泉
56 八島ヶ原湿原
乗鞍岳 14
霧ヶ峰 17
44 乗鞍三滝
諏訪湖 37
19 北横岳
38 北八ヶ岳の湖沼
61 上諏訪温泉
20 天狗岳
18 八ヶ岳
中央道
15 66 御嶽山
高遠城
39 王滝の自然湖
21 千畳敷カール
寝覚の床 29
30 太田切川・与田切川
阿寺渓谷 28
53 伊那谷の段丘
31 杖突峠－青崩峠
45 田立の滝群
62 鹿塩温泉
22 南アルプス
33 天竜川
32 遠山川渓谷
0
50km
作成協力・花岡邦明

凡例

1. 本書は長野県内の「絶景」の成り立ちを地形・地学的に解説した。
2. 本書に掲載した絶景は、名勝や観光地などとして知られている場所のほか、長野県ならではの特異な風景や歴史的な風景も広義の絶景として取り上げた。絶景をカテゴリー別に4章に分類し、各章の分野ごとに北信、東信、中信、南信の順に配列した。
なお、章末には信州ならではの地形を利用して建てられた代表的な城をコラムとして取り上げた。
3. 本書に掲載されている地質時代区分と年代値は、国際層序委員会（ICS）を参照し、左記のようにした。
古生代（5億3880万年前～2億5190万年前）
二畳紀（2億9890万年前～2億5190万年前）
中生代（2億5190万年前～6600万年前）
三畳紀（2億5190万年前～2億140年前）
ジュラ紀（2億140年前～1億4500万年前）
白亜紀（1億4500万年前～6600万年前）
新生代（6600万年前～現在）
古第三紀（6600万年前～2303万年前）
新第三紀（2303万年前～259万年前）
第四紀（259万年前～現在）
4. 本書に掲載した標高や面積などの諸元データは国土地理院発表のものを利用した。国土地理院に掲載がない場合には、長野県のデータを利用した。
5. 本書に掲載した名称は一般的なものを使用し、地名や山名などは原則として国土地理院の表記にしたがった。なお市町村表記は、2024（令和6）年4月1日現在のものとした。
6. 本書の用字・用語の表記は新聞用字用語を原則としたが、執筆者の原文を尊重した。

第1章 山と高原の絶景

戸隠山

1 戸隠山（とがくしやま）

戸隠山の大岩壁はどのようにしてできたのか

1

高さ500mの大岩壁

戸隠神社の奥社から見上げる山肌は、戸隠山直下の急崖（きゅうがい）である。戸隠山（1904m）は戸隠連峰の主峰で、連続する急崖は険しい山容を示し、離れた場所からも目立っている。この連峰の山稜はさらに北の九頭龍山（くずりゅうさん）・一不動（いちふどう）・五地蔵山へと連なり、南西へは八方睨（はっぽうにらみ）を経て西岳へと連なっている。いずれの山稜も南東側に急崖をもつ非対称の山稜である。

八方睨以西の急崖は高さ500mを超え、戸隠山以北では高さ400mの急崖が続く。急崖には岩石が露出し、樹木は見られない。一方、山稜の反対側斜面はゆるく樹木におおわれ、裾花川の源流域となっている。

海にたまった海底火山の噴出物

奥社から登山道を登ると奥社のすぐ上には凝灰角礫岩（ぎょうかいかくれきがん）にはさまれてホタテガイやザルガイなどの化石を含む砂岩や礫岩が見られる。百間長屋（ひゃっけんながや）では凝灰角礫岩にはさまれている凝灰岩が風雨によって削られたくぼみをつくり、蟻（あり）の塔渡（とわた）りと呼ぶ難所には火山角礫岩の硬い部分がリッジ状に残されている。八方睨付近には安山岩溶岩や火山角礫岩が見られる。

このように登山道を登ると、戸隠山は海底火山活動による噴出物からできていることがわかる。また登山道を登るにつれより新しい時代の地層が重なり、全体で1000mを超える厚さの地層となっている。これら戸隠山の崖をつくる地層は、およそ400万年前のフォッサマグナの海に堆積した火山性の地層である。

山となった海底の地層

海底にたまった地層は、やがて褶曲（しゅうきょく）や断層を形成しながらゆっくり陸化し、海は北へ後退していった。この陸の上を北アルプス方面から流

1 戸隠山への登山口
戸隠神社奥社入り口から奥社に至る樹齢400年を超える杉並木。一帯は長野県天然記念物に指定されている

2 鏡池から望む戸隠山
中央に八方睨と戸隠山、右側に九頭龍山

3 八方睨から見下ろす蟻の塔渡り
尾根の両側が急崖となる戸隠山最大の難所である（撮影：中村千賀）

4 戸隠山正面の大岩壁
戸隠山をつくる新第三紀層の岩盤が連続する。越水ヶ原からの展望

れていたかつての犀川（さいがわ）は、長野市を通って上越方面へ流れ日本海に流入していた。150万〜100万年前のことである。この古犀川は、褶曲した地層を削り、広い平野を形成した。池田町の大峰高原から飯綱高原にかけて復元される標高1000m前後の平坦面は、この時期に形成された地形面で大峰面と呼ばれている。

一方、戸隠山から新潟県境にかけての山地は隆起が大きく、この地域と河川の侵食地域との境が戸隠連峰の東側にあたっていた。戸隠連峰をつくる溶岩や火山角礫岩は、侵食地域の砂岩や泥岩の地層に比べ侵食されにくいため、侵食をまぬがれ、山や崖として残されていった。このような岩質の違いによって生じる侵食を「差別侵食」という。戸隠山の大岩壁は、**隆起地域と侵食地域の境で生じた差別侵食**によって形成されてきたものである。

〈赤羽貞幸〉

2 飯縄山（いいづなやま）

飯縄山の東と西で山の形が違うのはなぜか

1

なだらかな山麓と身近な山

長野市の北部に、なだらかな山麓をもつ飯縄山（1917m）がある。長野市街地からもよく見え、車で30分もあれば山麓の高原に行ける。小学生の学校登山の場、市民の憩いの場ともなっている。山麓の高原には大座法師池（だいざほうしいけ）などいくつもの湖沼が点在し、キャンプ場なども整備されている。

飯縄山は火山で、見る方向により山の形が大きく変わる。長野市街地からは、すり鉢を伏せたような形に見える。一方、飯縄山の南西、戸隠栃原地区からは、飯縄山・瑪瑙山（めのうさん）・怪無山（けなしやま）という3つの山が連なっているのが見える。また、飯縄山の北西、戸隠山からは、小さな円錐形（えんすいけい）の山が複数集まっている様子が見える。

噴火の繰り返しと山体の崩壊

飯縄山の現在の山頂は、大きな崩壊でできた外輪山の部分である。長野盆地ができはじめた約35万年前に飯縄山は噴火を始め、噴火を繰り返して溶岩や火砕流が積み重なり、大きな成層火山として成長した。山麓の地形から復元すると、一番標高が高くなった約25万年前は、標高2500m程度にまで成長したと考えられている。その後、約18万年前、山の北西側が大きく崩壊した。戸隠中社から越水ヶ原（こしみずがはら）にかけての丘陵は、そのときの崩壊土砂でつくられている。

そして、約15万年前から次の噴火が起こり、怪無山・高デッキ山・天狗山（てんぐやま）などの小さな火山が溶岩ドームをつくりながら噴火した。最後の噴火は約5万年前で、中峰から溶岩が流れ出た。現在、火山活動は終息し、山が崩れた際の土石流堆積物がなだらかな山麓をつくっている。

見る方向によって飯縄山の形が異なるのは、**大きな成層火山体の北西**

1 長野市街地から見た飯縄山
すり鉢を伏せた形

2 浅川大池と飯縄山
左が飯縄山、右は霊仙寺山。山麓にはいくつものため池が点在する

3 戸隠栃原から見た飯縄山
右から飯縄山（1917m）、瑪瑙山（1748m）、怪無山（1549m）と3つの山が連なる

4 戸隠山から見た飯縄山
円錐形の山が集まる（撮影・中村千賀）

側が崩れ、南東側には外輪山が残り、その崩れた北西側で小さな溶岩ドーム群の噴火が起こったという、この山の生い立ちを反映している。

長野市の水がめ

成層火山は、すき間の多い火山噴出物が積み重なってできており、水をたくわえやすい地質となっている。そのため、飯縄山麓には多くの湧水がある。この湧水を米づくりのためにたくわえたのが、大座法師池や浅川大池など山麓に点在するため池群である。これらは、川中島の合戦がおこなわれていた戦国時代から昭和まで、山麓の人びとによってつくられ、維持されてきた。

大正時代、長野市の上水道の水源池が戸隠中社につくられ、安全な水道水を飲めるようになった。飯縄山は、市内の飲料水をたくわえる水がめとしての役割もある。〈田辺智隆〉

3　鳥甲山

鳥甲山の大岩壁はどのようにしてできたのか

1

そそり立つ大岩壁と秘境の谷

　鳥甲山（2037m）には、北東と南東に延びる大きなやせ尾根があり、この2つの尾根にはさまれる東斜面は屏風を広げたような大岩壁をつくる。とくに標高1300m以上では岩石が露出し植生のない急崖、標高1100m以下にはゆるやかな斜面が見られる。中津川は、標高700mの谷底を蛇行しながら北へ流れている。この中津川の右岸側には、大きな台地状の苗場火山がある。

　中津川の谷は、深さ約1300m、幅約9kmの大きな谷である（写真3）。人びとは縄文時代から谷底に近い標高700〜900mのややゆるやかな斜面に生活し、信州の代表的な秘境「秋山郷」としても知られている。現在は下流からの道路も整備され、上流の切明と志賀高原が秋山林道でつながり、秘境の地も温泉や紅葉で人気の観光地となっている。

鳥甲火山

　侵食の進んだ鳥甲山は、約80万年前に活動した火山で、鳥甲山付近の火口から北側へ何回も溶岩や火砕流を噴出し、一部は20kmも離れた千曲川沿いの地層中で確認される。

　火山活動は3期に分けられ、鳥甲山の東壁標高950m以上には約1000mの溶岩が重なり、赤倉山・剃刀岩・白倉山などの峰をつくる。これらは新しい第3期の安山岩溶岩である。屋敷の北西にある布岩山の柱状節理の崖は、第2期の溶岩ドームである。第2期の溶結凝灰岩層は、谷の右岸側の小赤沢からのよさの里にかけての台地をつくっている。古い第1期の溶岩は前倉付近に見られる。

　雑魚川渓谷では、秋山林道より標高の高いところに鳥甲火山の噴出物が見られ、それより下位には大滝をつく

1 雑魚川の大滝
新第三紀（約1600万年前）の海底火山噴出物でできた滝

2 鳥甲山正面岩壁
上ノ原から見た鳥甲山東斜面。急崖の高さは700m

3 北から見た中津川の幅広く深い谷
五宝木トンネル東口から中津川の上流を展望。右に鳥甲山の崖、中央奥に岩菅連峰

4 屋敷北西の布岩山の柱状節理
鳥甲火山第2期の溶岩ドーム

る新第三紀の緑色凝灰岩層がある。

中津川の侵食と大岩壁の形成

約30万年前に噴出した苗場火山の第2期溶岩は、津南町結東（けっとう）付近の中津川の谷を厚さ約１５０ｍの溶岩流でせき止めた。その後、川はこの溶岩を侵食し、さらに下位の地層を３００ｍ侵食した。中津川は約30万年間に４５０ｍ侵食したことになる。中津川の谷沿いに大規模な地すべり地や崩壊地、地震時の大崩壊が多いのは、河川侵食の速度が速く、斜面が不安定であったことを物語る。

鳥甲山の2つの尾根にはさまれた東斜面には深い谷が発達せず、大岩壁の向きが川と並行していることから、鳥甲山の東側は**大地の隆起とともに中津川の強い侵食を受け、崩壊や地すべりを繰り返した結果**、谷底から山頂まで高さ約１３００ｍある大岩壁が形成された。

〈赤羽貞幸〉

4 志賀高原の山

一大高原リゾート志賀高原の成立は火山のおかげ？

1

火山が集中する高原

横湯川、角間川と雑魚川上流の流域を志賀高原と呼んでいる。横湯川と角間川にはさまれる標高1500m以上の凹凸のある大地が志賀高原の中心地で、この高原の中央部には志賀火山（2036m）があり、周辺には竜王火山・焼額火山・横手火山・笠ヶ岳火山・鉢火山などがある。

一方、岩菅山・東館山・寺小屋峰・赤石山・五輪山・坊寺山などは、古い時代の溶岩が侵食されてできた山である。志賀高原は、標高1500mから2300mの高さをもつ火山と非火山の山、溶岩の台地、小規模な平坦地、谷などからなる変化に富んだ高原である。

高原の中心部をつくった志賀火山

志賀火山は、新旧2つの時期に溶岩流や火砕流を噴出した。旧期溶岩は、20万年前ごろに大規模に噴出し、古い谷沿いに上林温泉付近まで流れた。その後、噴出物の北側の縁を横湯川、南側の縁を角間川が流れ、現在の谷が形成された。

新期の活動は10万年前から数万年前の間に大量の安山岩溶岩を流した。溶岩流は北西方向から次第に時計回りに方向を変えて流れた。長池の南に広がるおたの申す平と呼ぶ溶岩台地をつくる渦巻き状の溶岩流の流れは、衛星写真などでよく識別できる。この溶岩台地では、10mを超えるような溶岩ブロックが積み重なる塊状溶岩を見ることができる。また、高低差20m前後の溶岩流のしわも認められ、もっとも低い場所にはドンゾコノ池と呼ぶ池もある。近年、志賀火山は1万年前以降に活動した可能性が指摘されている。

高原の土台をつくる岩石

志賀高原は多くの火山噴出物にお

1 角間川左岸にそそり立つ幕岩の大岩壁
志賀高原の火山の土台をつくる175万年前の安山岩溶岩

2 志賀火山の溶岩台地
坊寺山山頂からの展望。右上に志賀山、中央の台地がおたの申す平、左下が三角池

3 おたの申す平をつくる塊状溶岩ブロック
信州大学自然教育園内で垂直になった溶岩ブロックをおおう亜高山の針葉樹

4 冬季の笠ヶ岳火山
平床から望む溶岩ドーム

おわれているが、深く侵食された横湯川や角間川の谷底では、高原の土台をつくる岩石が見られる。角間川沿いのサンバレースキー場と石の湯温泉の中間には、古くからの名勝地である幕岩（まくいわ）の大岩壁がある。川底には緑色を帯びた約１６００万年前の緑色凝灰岩（ぎょうかいがん）が滝をつくり、その上位に高さ１００ｍほどの岩壁がそびえ立つ。この幕岩は、坊寺山をつくる１７５万年前に噴出した安山岩の溶岩で、岩菅山などをつくる溶岩と同時期の岩石である。

　横湯川沿いには、深成岩類が広く顔を出し、湯田中・渋・地獄谷などの温泉の熱源となっている。このように志賀高原は、新第三紀の古い岩石を土台に**２００万年前以降の何回もの火山活動の噴出物におおわれてできた火山地形の大地**である。

〈赤羽貞幸〉

5 四阿山

四阿山の山頂部にはなぜ巨大な凹地があるのか

1

大きなカルデラと外輪山

　四阿山（2354m）は、長野と群馬の県境に位置し、日本百名山にも数えられる。約80万～45万年前に噴火を繰り返してできた火山で、その中央には直径3kmほどの四阿カルデラと呼ばれる大きな凹地がある。この凹地は主峰である四阿山と根子岳（2207m）や浦倉岳（2091m）などからなる外輪山によって取り囲まれている。

　ちなみに四阿カルデラは噴火ではなく、侵食によって形成された地形だと考えられている。四阿カルデラの中には硫黄鉱床が広く分布しており、1960（昭和35）年まで米子硫黄鉱山として利用された歴史がある。

山麓に広がる菅平

　四阿山の西側山麓にはスキーやスポーツの高地トレーニングで有名な菅平（約1250m）がある。このような高所にスポーツに適したなだらかな地形が生まれた背景には、四阿火山から流れ出した溶岩が関係している。

　約70万～60万年前に根子岳付近から南西方へ流れ下った溶岩が、菅平湖上流の大洞川をせき止めたのである。せき止められた谷は湖となり、そこに泥や砂礫が積もり、平坦な土地となった。シナイモツゴやクロサンショウウオといった水生生物のほか多くの鳥が飛び交う菅平湿地は、この一帯が湖だったころの名残である。

四阿山の山容とカルデラのでき方

　長野県側（西側）と群馬県側（東側）で山容が異なることも四阿山の特徴である。長野県側から眺めると山腹に横方向の縞模様（成層構造）が見られ、溶岩などが積み重なってできた成層火山であることがよくわかる。これに対して群馬県側にはなだらか

1 米子硫黄鉱山事務所跡に立つ石碑
米子硫黄鉱山関係者の親睦会である米子山カンテラ会により1984年に建立

2 長野市（北西側）から望む四阿山
侵食された山腹には縞模様（成層構造）が見える。米子川によって運ばれた大量の土砂が扇状地を形成している。写真中央の雪をかぶった山が四阿山、その右が根子岳

3 四阿カルデラ
写真右手の大きな凹地が四阿カルデラ。写真左奥に長野盆地が見える

な裾野が広がり、キャベツなど高原野菜の一大産地となっている。これは、東の群馬県側では侵食が進んでいないのに対し、西の長野県側では大きく侵食されて火山の中身が見えていることを意味する。なぜ、同じ火山であるのに、こんなにも違いがあるのか。それには大地の動きが大きく関係している。

四阿山は古くから隆起する山地の上に成長した火山であり、さらにその西側には、活断層の動きによって今も沈降を続ける長野盆地がある。**北西側の長野盆地へ流れる米子川は侵食力が旺盛で、火山の中央部まで大きくえぐり四阿カルデラをつくった。**だから四阿山の北西側には外輪山がないのである。また、米子川によって運び出された大量の土砂は大きな扇状地を形成し、人びとの生活の場として利用されている。

〈竹下欣宏〉

6 浅間山

日本有数の活火山いつから活動している？

1

三重式成層火山の浅間山

軽井沢から見る浅間山（2568m）は、広大な裾野が美しい成層火山で、火山活動の歴史をその地形に見ることができる。中央の高い山が前掛山で、その北東に位置する火口からときどき噴煙が上がり、今でも活発な火山活動をしている日本有数の活火山である。

西には剣ヶ峰、東には小浅間山が連なり、剣ヶ峰の西には高峯山や湯ノ丸山、烏帽子岳などの火山が連続して並んでいる。高峯山から烏帽子岳までの西側の火山群は烏帽子火山群と呼ばれ、浅間山より古い火山群で約100万〜24万年前に活動をしている。よく山の形を見ると浅間山よりややゴツゴツとしていて侵食が進んでいることがわかる。

現在、浅間山で噴煙を上げているのは約8500年前から活動を始めた前掛火山で、そのまわりにはいくつものカルデラがある。第一外輪山、第二外輪山と中央火口丘を含めて3つの外輪山が重なる三重式成層火山である。近年は火山性地震が多く、火山活動が活発になっている。

3つの時期に大きな噴火

第一外輪山の黒斑火山は約10万年前に噴火を始め、約2・7万年前に山体の大崩壊が起こり、流れた岩屑なだれは長野県や群馬県側の山麓をおおい尽くした。剣ヶ峰はこの大崩壊の名残である。

しばらくの休止期をおいて、約2万年前から仏岩火山が活動を始める。軽井沢にある離山はこの時期に活動した溶岩ドームで、そのあとに再び浅間火山が爆発的な噴火を起こし大量の軽石を噴出した。白糸の滝をつくる軽石層はこのときの噴出物である。1万4000年前から1万年

1 小諸第一軽石流の崖
1万4000年前に爆発的な噴火によってできた軽石流の崖（撮影：竹下欣宏）

2 浅間火山
噴煙を上げる浅間山（撮影：竹下欣宏）

3 鬼押出溶岩
1783（天明3）年に噴火して流れた溶岩（浅間園）

4 浅間山と外輪山
浅間山には第一外輪山の黒斑山、牙山、剣ヶ峰、第二外輪山の前掛山、東前掛山、寄生火山の小浅間山、石尊山、車坂山がある（国土地理院電子地形図を加工して作成）

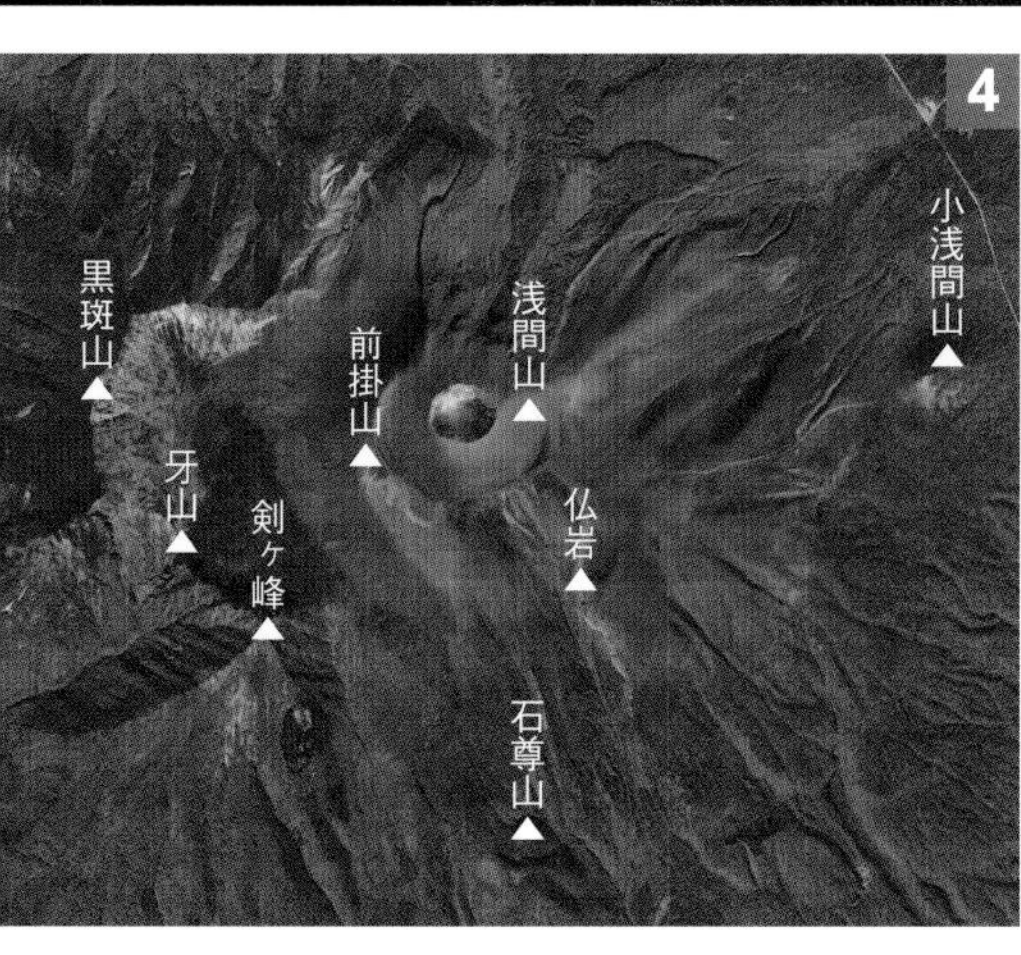

前にかけてのもっとも激しい噴火は、小諸第一軽石流や小諸第二軽石流と呼ばれる軽石からなる火砕流を流し、50mの厚さで浅間山の南麓地域をおおった。

少しの休止期を経て、約8500年前から前掛火山が噴火しはじめ、何回かの大規模な降下軽石を噴出し、大量の火砕流を流した。

天明の大噴火

1783（天明3）年5月9日（旧暦4月9日）に浅間山山頂から噴火が始まり、3か月にわたり断続的に軽石を降らせ、10km離れた場所でも10cmほど積もる噴火が続いた。同じ時期に鬼押出（おにおしだし）溶岩や火砕流が流れ、生々しい溶岩の姿を今でも見ることができる。浅間火山は、**約10万年前から黒斑火山、仏岩火山、そして前掛火山と3つの活動期を経て現在に至っている。**

〈近藤洋一〉

7 荒船山（あらふねやま）

山名の由来 荒波を進む船のような形はどうしてできた？

1

山頂が平らな古い火山

佐久市と群馬県下仁田町の境に荒船山（1423m）はある。山名は群馬県側から遠望すると、山頂が広くて平らで、船を浮かべた形に見えることに由来する。日本二百名山の一座で西上州の名峰として親しまれている。荒船山へは国道254号の内山峠から登るルートがあり、標高差353mで比較的アプローチしやすい。ほかに佐久市荒船不動から星尾峠を通るルートや下仁田町市野萱の相沢から登るルートがある。

荒船山の北端の標高1345mにある艫岩（ともいわ）は、約200mの切り立った絶壁の上にあり、国道から目前に迫る眺めは壮観である。艫岩に立つと一面に灰色の安山岩が露出していて、展望台になっている。ここは浅間山や妙義山をはじめ上信国境の山々が一望できるビューポイントとなっているが、足元は垂直に落ちる崖なので端までは近寄ることができない。艫岩から南には、平坦な高原の地形が続き、湧水からの湿地にはオタカラコウなどの群落が見られる。荒船山の南端には、新しい経塚山の溶岩が噴き出していて、そこが荒船山の最高峰となる。

太平洋と日本海を分ける火山地域

荒船山の平らな山頂には厚い安山岩の溶岩がたまっており、鮮新世後期の340万年前という年代値が報告されている。そのすぐ下にはかつてこのあたりにあった湖沼にたまった凝灰質（ぎょうかいしつ）のシルト岩（砂と粘土の中間でできた岩石）がほぼ水平に分布している。この中からはブナ科・ニレ科などの植物化石やトンボ目・カゲロウ目などの昆虫化石、さらにカエルの化石など、大変保存状態のいい化石が多数採集されている。中には日

1 荒船溶岩
黒いガラス光沢のある安山岩溶岩

2 荒船山の北壁と艫岩
平坦な山頂部は船尾の形に似ていることから艫岩といわれる

3 群馬県側妙義山から見た荒船山
手前の山々を荒波に見立て、そこに浮かぶ巨大な船のように見える

4 荒船山頂上の草原
なだらかな頂上には草原や湿地が見られる。初夏にはクリンソウの花畑が見られる

本で唯一のホタル化石も報告された。

本州の分水界

下仁田町の本宿から妙義山、荒船山の一帯には、約800万年前から300万年前ごろの新第三紀後半の火山が多くあり、利根川水系と信濃川—千曲川水系との本州の背骨にあたる分水界となっている。

まわりが侵食されて険しい山々に囲まれた中で、荒船山は頂上が平らなテーブル状の高地になっている。メサと呼ばれるこのような地形は、**表面に水平な硬い安山岩溶岩があるため侵食されずにテーブル状の台地となった**特殊な地形である。

一方、近くにある妙義山は著しい侵食による、切り立った岩峰群が特徴で、ドーム状の石門も見られる。ほぼ同年代の古い火山でありながら、荒船山が平らな形をしているのは不思議である。〈中村由克〉

8 白馬三山

なぜ白馬三山の山稜は長野県側と富山県側で非対称なのか

後立山連峰の白馬三山

北アルプス北部の白馬岳を中心とする山域は後立山連峰と呼ばれ、代表するのが白馬三山である。三山というのは、南から順に白馬鑓ヶ岳（標高２９０３ｍ）、杓子岳（２８１２ｍ）、白馬岳（２９３２ｍ）のことで、三山が仲良く並ぶ姿は、八方尾根の稜線や東方の山麓からもよく見える。

この３０００m近い標高で南北に連なる三山の稜線は、西の富山県側の斜面は傾斜がゆるやかなのに対し、東の長野県側の斜面は急崖となっている。このような非対称の山稜はなぜできたのであろうか。

稜線付近の自然環境

北アルプス北部の山々は何億年もかけてつくられた複雑な地質からなる。白馬鑓ヶ岳から杓子岳にかけては、おもに白くて硬い細粒の火山岩類（珪長岩など）からなり、白馬岳はおもに古生代二畳紀の硬い堆積岩類（砂岩・泥岩・凝灰岩など）からできている。岩石には亀裂が多く、稜線付近は細かな岩片に地表がおおわれている箇所も多い。また、北アルプス北部の山稜では、標高２５００m付近が森林限界になっていて、それより上部は、低い気温と乾燥、強い風や積雪などの影響により、背の高い樹木が生育できない厳しい環境にある。

東西の侵食量の差と気候条件の違い

北アルプス東麓の姫川や仁科三湖沿いには、糸魚川—静岡構造線という大断層が通る。そのため、大きな視点で見ると、後立山連峰は東側の侵食量がより大きく、深い谷が入りこむ。急に隆起すると地中の圧力から解放された岩盤に亀裂が生まれ、２つの稜線が並走する二重山稜などができる。これらが非対称山稜の原形をつくった。さらに過酷な気候条件が

1 コマクサ
「高山植物の女王」といわれ、西側斜面の風衝草原の上に生育する

2 白馬三山の非対称山稜
南側から望む。左奥にあるのが白馬岳で中央手前の山が杓子岳

3 山稜東側の急崖
白馬三山の北側から望む。左の山が杓子岳で右手前が白馬岳

4 八方尾根から見た白馬三山
左から白馬鑓ヶ岳、杓子岳、白馬岳が連なる（撮影：赤羽貞幸）

地形に関与した。冬季の北アルプス北部は、多雪と北西寄りの強い季節風にさらされる。そのため稜線西側の雪は風に吹き払われ、逆に東側には吹きだまりができやすい。雪の少ない西側の地表では凍結と融解を繰り返して、細かな土石が徐々に下方に移動し、なだらかな斜面を形成する。

一方で東側は、寒冷な氷期には稜線直下に氷河の侵食により半椀状のカール地形がいくつも形成された。氷期が終わった現在は、雪庇（せっぴ）の崩壊や雪崩（なだれ）、あるいは雪渓のずり落ちなどにより激しい侵食を受ける。稜線をはさんだ東西の斜面が、長期にわたりこれらの働きを繰り返し受け続けることで非対称の山稜ができあがった。白馬三山の非対称山稜は、**大きな地殻変動を土台に、そこに侵食の違いと過酷な気候条件が加わって形成された**地形である。〈富樫　均〉

9 白馬大雪渓

日本最大級の広大な雪渓ができた理由は？

1

日本最大規模の雪渓

　白馬大雪渓は、白馬岳（2932m）と杓子岳（2812m）の間の渓谷にあって、幅100m、全長3500m、標高差600mと日本最大規模の雪渓である。針ノ木岳と蓮華岳との間にある針ノ木雪渓（長さ700m）、劔岳と別山との間にある劔沢雪渓（長さ1600m）と合わせ、日本三大雪渓と呼ばれる。雪渓とは、冬季に谷にたまった雪が解けずに夏になっても残っている雪のことである。

　登山口である猿倉（1230m）までは県道が通じ、車で行くことができる。そこから約1時間30分で、大雪渓の末端にある白馬尻小屋（1500m）に行ける。そこは、後立山連峰の登山基地となっている。谷筋に発達する白馬大雪渓は、落石が集まる場所でもあり、すべりやすい氷雪の上を歩くので危険性が高く、登山の際は注意が必要な場所でもある。

氷河がつくったU字谷

　この大雪渓の谷の断面を見ると谷底が広く平らなのに、周囲の谷の壁は垂直に近い切り立った岩壁となりU字形を示す。

　日本列島は最終氷期（7万〜1万年前）に、寒冷化した気候となった。日本アルプスなど標高2500m以上の高山に降った雪は解けずに氷の塊となり、山岳氷河が形成された。氷河は重みで流下して、硬い岩石でできた山を侵食した。日本アルプスの険しい山並みはこうしてできた。

　氷河が侵食した独特な地形は、カール（圏谷）やU字谷と呼ばれている。この白馬大雪渓の上流部、杓子岳にもカールが残っている。また、大雪渓にも氷河が削った際、氷河の

1 白馬大雪渓
温暖化で縮小している
2 栂池高原から見た白馬大雪渓
日本最大規模の雪渓で、全長約3.5㎞、標高差は600mある
3 登山者でにぎわう大雪渓
大雪渓は白馬岳へと向かう登山ルートで、登山者は雪の上にまかれた赤い粉を目印に進む
4 大雪渓入り口のケルン
大雪渓周辺は高山植物の宝庫ともなっている（撮影：井上章）

中の岩石が岩盤に傷を残した羊背岩（ようはいがん）（氷河の侵食作用による凸（とつ）地形）が残っており、この谷にも氷河があったことがわかる。

その後、温暖な気候となり氷河は解けてしまったが、氷河によってできた**大きなU字谷には、降雪や雪崩（なだれ）などにより大量の雪が集まり、この標高1500m以上の谷に積もった雪が解けずに夏まで残るようになっ**たことで大雪渓となった。

氷河と認定される雪渓

南アルプスや中央アルプスにも氷河地形が残っており、信州の高山には多くの氷河が存在していたことを物語っている。GPSなどを使った最近の調査で、雪渓の中にも重力で流下する氷雪があり、氷河と認定されている。鹿島槍ヶ岳の北東麓にあるカクネ里氷河などもその1つである。

〈田辺智隆〉

10 八方尾根

丸みをもった八方尾根はどのようにして形成されたのか

後立山連峰の展望台

八方尾根は、唐松岳から東に約8km延びる大きな尾根である。山麓からゴンドラやリフトを使えば、簡単に標高1830mの八方池山荘まで上がることができる。ここから八方池（2060m）までは、八方尾根自然研究路と呼ぶ人気のトレッキングコースで、木道が整備され多くの観光客が訪れている。

八方尾根の主稜は、兎平、黒菱平、鎌池、八方池山荘周辺、八方山などの平坦な地形と、これらの間にある急な斜面とが交互に繰り返す。八方池山荘から上部の尾根ルートは、右手に白馬三山、左手に五竜岳・鹿島槍ヶ岳などの後立山連峰の絶景を展望することができる。八方池山荘より下の尾根には、スキーリフトが設置され冬季には尾根全体が一大スキー場となる。

尾根をつくる蛇紋岩と植生

標高2130m付近より下の尾根には、蛇紋石という鉱物からなる蛇紋岩が分布する。蛇紋岩は、地下深部で形成されたかんらん岩が、地殻運動によって地表近くまで隆起してくる過程で変成した岩石である。この蛇紋岩は割れ目が多く崩れやすく、八方尾根には崩壊地や地すべり地形が多く認められる。

蛇紋岩が風化してできた土壌は、マグネシウムや重金属元素に富み、植物の生育には適さない。このため本来この標高にあるはずの植物は生育できず、条件の悪い高所に生育する高山植物など特異な植物が見られる。八方尾根にはハッポウアザミなどの固有種や高山植物が生育する。また、黒菱平付近から上部では森林植生を欠いている。ハイマツは標高1800m付近から現われる。

1 蛇紋岩の露出する尾根道
八方池山荘（赤い屋根）から上部の尾根道と蛇紋岩

2 白馬三山を背景にした八方池
晴天日の早朝は天空の別天地となる。中央が白馬鑓ヶ岳、その右が杓子岳、さらに右が白馬岳

3 八方尾根の南側斜面
遠見尾根からの展望、蛇紋岩の崩壊地が目立つ。後方は左から白馬鑓ヶ岳、杓子岳、白馬岳

4 ４月末の八方尾根
白馬村白坂峠展望台からの展望

地すべりでできた八方池

尾根を第3ケルンまで登ると、背後に白馬三山がそびえる八方池に到達する。八方池は、周囲180ｍのほぼ丸い池で、降雨や雪解けの水で満たされ、年中枯れることはない。池の北側には小高い丘、池は尾根から20ｍほど低い凹地に湛水している。池の南西側には舟窪状の谷、池の東側には池の凹地の続きが延びている。これらの地形特徴から、八方池は地すべりで形成された凹地にできた池であることがわかる。池のまわりの北側斜面や南東斜面にも、明瞭な地すべり地形や崩壊地が多い。

このように八方尾根は、蛇紋岩という特異な岩石の分布域で、植生も少なく積雪も多く、**侵食や崩壊が至るところで進み、全体が丸みをもった大きな尾根が形成**されたのである。

〈赤羽貞幸〉

11 槍ヶ岳（やりがたけ）

槍ヶ岳のとがった山頂はどのようにしてできたのか

1

鋭く天をつく独特の姿

北アルプス南部において、穂高連峰と並び立つ名峰が槍ヶ岳（3180m）である。長野県松本市と大町市、岐阜県高山市との境界にあり、天をつく孤高の姿は、どの方向からも、また遠く離れた場所からも、よく目立つ。槍ヶ岳は鎌の刃のように切り立つ東・西・北の鎌尾根に囲まれている。梓川、高瀬川、神通川（高原川）の各水系の源流でもある。

槍ヶ岳をつくる岩石

槍ヶ岳山荘の近くには、古生代（5億3880万～2億5190万年前）以前の古い時代の結晶片岩（変成岩）が露出するが、その周囲は、穂高連峰から連続する穂高安山岩類の地質からできている。新生代第四紀（259万年前～現在）という新しい地質時代に生まれた穂高安山岩類については、穂高連峰（P32）の説明をあわせてご覧いただきたい。

北アルプス南部の隆起運動

近年の研究で、現在の槍・穂高連峰の場所には、かつて穂高安山岩類をもたらした巨大なカルデラをつくるような火山があったことが明らかになった。また、地下数kmの深所では火山岩と同源のマグマがゆっくりと固まり、滝谷花崗岩（たきだにかこうがん）が形成されていた。滝谷花崗岩の分布や冷却の仕方から、北アルプス南部は、今から約140万年前以降に急激に隆起してきたことがわかった。大まかに見積もると、100万年の間に5000m以上もの隆起であった。隆起をもたらしたのは、太平洋プレートの動きによる東方からの押しと、北アルプス地下の断層運動による山地の押し上げとが組み合わさったことによると考えられる。こうして、3000m級の高山ができあがった。この活動の影響で槍ヶ岳を含む周

1 天をつく槍ヶ岳
北穂高岳の山頂から見た槍ヶ岳の尖峰

2 槍ヶ岳南西斜面
北穂高岳に向かう縦走路の途中には左右に深く切れ落ちた大切戸と呼ばれる有名な難所（岩場）がある

3 南東斜面のカール群
屏風の頭より望む。カールと呼ばれる凹地は過去にできた氷河地形。梓川の最上流部付近には大小いくつものカール群が集中する

4 槍ヶ岳遠望
北へ約23㎞離れた針ノ木岳の山頂より望む

囲の山は、東側に約20度傾いていることも知られている。

槍先の切り出し

氷期には、日本アルプスの高山の至るところに氷河が存在した。槍・穂高連峰の周辺にも、当時の氷河の痕跡が数多く残されている。たとえば横尾谷に発達するU字谷や、スプーンでえぐられたような涸沢（からさわ）の凹地（くぼち）（カール地形）は、今から約6万年前と約2万年前の氷期にできた氷河地形である。

槍ヶ岳は、槍沢、天井沢、千丈沢、飛騨沢に四方を囲まれているが、氷期にはそれらの源頭部付近にも氷河があった。**これら隣り合うカール地形は、カール壁が侵食により後退してゆくと、稜線を四方から切り合うことになる。槍ヶ岳の尖峰（せんぽう）と鋭く切り立つ稜線は、こうしてできた氷食山稜（アレート）である。**〈富樫　均〉

12 穂高連峰

穂高連峰が3000m級の高山となった理由

1

北アルプス南部の盟主

日本の山岳観光地として名高い上高地。そのシンボルともいえるのが穂高連峰である。梓川の清流越しに標高３０００ｍ級の峰々が迫るパノラマは圧巻である。向かって左から西穂高岳（２９０９ｍ）、天狗岩、ジャンダルムを経て、日本3位の高峰である奥穂高岳（３１９０ｍ）、さらに優美な吊り尾根を経て前穂高岳（３０９０ｍ）へと岩稜が続く。

穂高連峰をつくる特別な岩

穂高連峰の地質は、穂高安山岩類からなる。安山岩は日本の火山で普通に見られる岩石であるが、穂高連峰の大部分は、安山岩質〜デイサイト質のマグマから生まれた溶結凝灰岩という特別な岩石でできている。それは溶岩が単純に冷えて固まった岩ではなく、マグマが大量の火山灰として高温のまま地上に堆積し、自身の熱と圧力で半ば溶けながら飴のように固まった岩である。白い粒々の鉱物を含んだ緑がかった灰色の岩石で、火山灰が固まった岩（凝灰岩）としては、非常に硬い（写真４）。

穂高岳を生んだ火山活動

近年の研究により、溶結凝灰岩を生み出した火山活動が解明された。かつてここには巨大な「槍・穂高火山」があり、今から約１７５万年前、大量の火山灰や軽石を噴出した。そのときに飛散した火山灰は遠く近畿や房総半島などでも確認されている。

噴出と同時に、地下の空隙を埋める巨大な陥没が生じ、東西６km、南北16kmにおよぶ凹地（カルデラ）が形成された。その凹地の中に１５００ｍ以上もの厚さで火山灰が積み重なり、溶結凝灰岩層が形成された。

穂高連峰が高山になるまで

地上で槍・穂高火山が活動してい

1 上高地から望む穂高連峰
奥穂高岳と吊尾根、正面の沢が岳沢

2 穂高連峰
屏風の頭より望む。左から前穂高岳、吊尾根を経て奥穂高岳と涸沢岳。正面の凹地が涸沢

3 ジャンダルム
奥穂高岳から西穂高岳に向かう縦走路の途中にあるドーム状の岩峰で、岩の殿堂ともいわれる

4 溶結凝灰岩
奥穂高岳山頂にある。やや暗色のレンズ状の部分が溶結しているところ

たとき、地表に噴出したものと同じ起源のマグマが地下数kmの深部でゆっくりと冷え固まる現象が進行していた。約140万年前に固まった岩が、地上で世界一若い花崗岩（かこうがん）とされた滝谷（たきだに）花崗岩で、現在は上高地のウェストン碑の脇にも露出している。地下深くにあった滝谷花崗岩が地上に露出するということは、140万年の間に、ここが急激に隆起し侵食されたことを物語る。

北アルプス南部で起こったこの隆起は、日本列島への東方からの押しと地下深部での断層による押し上げとの組み合わせによる結果である。

激しい隆起により、もとの火山は徐々に崩れて原形をなくしていくが、**カルデラを埋めていた硬い溶結凝灰岩の部分は侵食に耐えて残り、穂高連峰が現在のような高山になったのである。**

〈富樫　均〉

13 上高地（かみこうち）

日本屈指の絶景上高地の平坦地はなぜできたのか

1

上高地への旅

松本の市街地から西へしばらく車を走らせると道は梓川の谷に入る。沢渡（さわんど）でシャトルバスに乗り換え、さらに深い渓谷沿いの山岳道路を進んだ先に「釜トンネル」がある。そのトンネルを抜けると突如広がる平坦地が、国の名勝・天然記念物の上高地である。そこは梓川の上流、標高約1500ｍにある。上高地は森と広い河原を眺め、清流に沿ってのんびりと散策するのにも適し、魅力あふれる憩いの地である。

岩山に囲まれた平坦地

トンネルを出てすぐに迎えてくれるのが、荒々しく噴気を上げる活火山の焼岳（2455ｍ）である。その先には穂高連峰の岩壁が眼前に迫る。人里から遠く離れ、峻険（しゅんけん）な岩山に囲まれた平らな空間で、その核心部にあたる明神池（みょうじんいけ）付近は「神河内」とも表記される。この不思議な平坦地は、どのようにできたのだろうか。

岐阜県に流れていた梓川

現在の梓川は松本盆地に向かって流れるが、かつては岐阜県側に流れていたことが、上高地でおこなわれた学術ボーリング調査により解明されている。上高地の地下には厚さ175ｍにもおよぶ湖成層がある。つまり上高地にはかつて大きな湖があった。その湖が周囲の山から押し出される大量の土砂によって埋め立てられて、現在の平坦地ができた。堆積物の年代を調べた結果によると、湖が出現したのは今から約1万2000年前のことであった。

湖をつくった張本人は？

この上高地の湖を最初につくったのは、焼岳火山群の白谷山（しらたにやま）やアカンダナ山の火山活動と考えられている。火山活動にともない、当時の梓

1 上高地のシンボル河童橋
梓川に架かる木製の吊り橋で、上高地でもっとも多くの人が訪れる眺望スポットになっている

2 岳沢の清流
岳沢は穂高連峰を源とする梓川の支流で上高地に流入する

3 活火山の焼岳と梓川
河童橋の上流側と下流側には穂高連峰と焼岳火山がそびえる

4 初冬の大正池
静かな湖面に浚渫のための作業船が浮かぶ

川は流路をふさがれ、巨大な湖を形成したあとに、流れを長野県側に変えた。その後も、焼岳火山群の活動により、川は何度もせき止められた。

大正池も、ごく最近の1915（大正4）年の焼岳噴火によってできた池である。ただし、上高地の形成史からもわかるように、川のせき止めで一時的にできた湖は、自然の働きにより、すみやかに埋め立てられる宿命にある。実際この大正池も埋積（まいせき）が進行中で、池の面積はどんどん縮小してきた。それでも大正池の景観を少しでも維持しようと、観光シーズンが終わる初冬の時期には、池内で浚渫（しゅんせつ）作業がおこなわれている。

焼岳火山群の活動にともなう梓川のせき止めと湖の埋積により、北アルプスの険しい山中に奇跡のように出現した平坦地が上高地である。

〈富樫　均〉

14 乗鞍岳

乗鞍岳はなぜ標高3000m級の火山となったのか

1

日本一の自動車道路

乗鞍岳（3026m）は、山の成因を噴火に限ると富士山（3776m）と御嶽山（3067m）に次いで日本で3番目の高さを誇る。標高もさることながら、その流麗でやさしい山容も相まって、日本百名山にも名を連ねる。

また、乗鞍スカイラインの最終到達地点である畳平バスターミナル（2702m）は、自動車で行くことができる場所としては、富士山スカイラインの最高地点である富士宮口5合目（約2400m）を抑えて断トツの高さを誇る。ちなみに乗鞍スカイラインの中でもっとも標高の高い地点は、大国岳と富士見岳の間にある鞍部（2716m）を越えるところで、そこには「標高2716m」というバス停がある。もちろんこれが日本最高所のバス停である。

高山帯のバスターミナル

植生から、畳平バスターミナルがいかに高い場所にあるのかがよくわかる。標高が高くなると気温が下がり、土壌も貧弱になるため、乗鞍岳のある中部地方では標高が2500mを超えるような高所では背の高い木が育つことができず、背の低い草木が茂る高山帯となる。

高山帯にはきれいな花を咲かす高山植物のお花畑が広がる。乗鞍岳では女王コマクサのほか、チングルマやイワギキョウなどの可憐で美しい草花を、登山しなくてもバスターミナル周辺で目にできる。また、畳平周辺に広がるハイマツが織りなす緑の絨毯も必見である。

高い土台の上にできた火山

乗鞍岳は富士山や御嶽山と同じく火山であるが、なぜ流麗でやさしい山容をしているのであろうか。それ

1「標高 2716m」バス停
日本最高所のバス停。日本の自動車で通行できる道路の最高所でもある

2 畳平周辺に広がるハイマツの絨毯
富士見岳（標高2817m）より北側を望む。バスターミナル後方のすり鉢状の凹地は恵比寿火口で、右側（東側）の池は鶴ヶ池

3 乗鞍高原から望む乗鞍岳稜線
乗鞍高原は、稜線付近から東側に流れた長大な番所溶岩の上に立地する

は噴火の種類に秘密がある。富士山や御嶽山は溶岩の流出のほか、火山灰などのマグマの破片を噴出する爆発的な噴火も繰り返して成長した。

これに対して乗鞍岳では爆発的な噴火が少なく、厚い溶岩の噴出を繰り返して山体が形成されたことがわかっている。これらの溶岩のうち東側に流れた番所溶岩は長大で、現在の山頂から約10㎞も離れたところまで達している。また、乗鞍岳の北部では標高約2400m付近まで、南部でも約2200m付近まで、中生代（2億5190万～6600万年前）の時代の古い岩石が顔をのぞかせている。

つまり乗鞍岳は、**古い岩石からなる高い土台の上に溶岩が繰り返し噴出したために**、ゆるやかな山容でありながら標高3000mを超える火山になったのである。〈竹下欣宏〉

15 御嶽山（おんたけさん）

日本有数の霊峰 御嶽山の大きな山体はどのようにできたのか

1

信州一の大山

御嶽山（３０６７ｍ）は、登山者だけでなく大勢の御嶽講の人たちが六根清浄（ろっこんしょうじょう）と唱えながら登る霊峰である。多くの犠牲者があった２０１４（平成26）年９月27日の噴火後、しばらくは山頂、剣ヶ峰への入山が規制されたが、避難壕（ひなんごう）などの整備が進み、２０１８年９月から山頂への登山が再開された。

日本百名山にも選ばれており、江戸時代の地誌『信濃奇勝録』の中では「信州一の大山なり」と紹介されている。標高のみに注目すると北・南アルプスの山々におよばないものの、「信州一の大山」と形容されるその圧倒的な存在感は見る者を魅了する。またふもとに暮らす人びとは親しみをこめて「お山」と呼ぶ。この存在感や親近感はなにに由来するのかを考えてみると、周囲に高い山のない独立峰であり、人びとが利用しやすい裾野をもつためではないだろうか。

富士山に次ぐ大型成層火山

御嶽山の標高は国内で15番目だが、これはすべての山と比較した場合である。山のでき方を噴火のみに限ると、御嶽山は富士山（３７７６ｍ）に次ぐ標高である。つまり火山としては日本で2番目の高さを誇る。また、御嶽山は、約77万年前には噴火を始めていた。地球の歴史の中に日本の地名が刻まれたことで話題になった「チバニアン：千葉の時代」（約77万～13万年前）の始まりを告げる地層は、御嶽山から噴出した白尾（びゃくび）火山灰層と呼ばれる火山灰で、遠く千葉県でも確認されている。その後も噴火を繰り返し、多くの溶岩や火山灰が積み重なり、大きな山に成長していった。

御嶽山は2階建て

御嶽山は77万年前からずっと噴火

1 残雪の三ノ池
標高2720mの高所にある約9000年前の噴火により形成された火口湖。水深13mと深く、エメラルドグリーンの水をたたえている

2 2014年噴火の火口群
2015年6月撮影。山肌が火山灰におおわれて灰色になった（提供：御嶽山総合観測班）

3 御嶽山と開田高原
九蔵峠展望所から撮影。雪をかぶった稜線周辺が新期御嶽火山で、三笠山と左側（南東側）のなだらかな台地状の部分は古期御嶽火山

を続けていたわけではなく、約40万〜10万年前にかけての約30万年間、活動を休止していた。御嶽山は1つの大きな火山のように見えるが、実は**休止期前の古い火山（古期御嶽火山）の上に休止期後の新しい火山（新期御嶽火山）が重なってできた2階建ての火山**である。現在の山頂一帯の広い範囲が新期御嶽火山でできており、三ノ池は約9000年前の火口に水がたまったものである。

ふもとに広がる開田高原は休止期間に侵食によってできた大きな谷を新期御嶽火山の噴出物が埋めることで誕生した。また、古期御嶽火山のうち、現在確認できる一番高い場所が南東側の山腹にある三笠山で、標高2256mある。現在ほどではないが、土台となった古期御嶽火山もかなり大きな火山だったのだろう。〈竹下欣宏〉

16 美ヶ原高原

「世界の天井が抜けた」と詠まれた風景はどのようにつくられたのか

1

台地に立つアンテナ群

八ヶ岳中信高原国定公園に位置する美ヶ原高原は、標高2000m付近に広がる高原で、美ヶ原牧場と呼ばれる牛の放牧地ともなっている。一帯には高山植物が咲き誇り、美ヶ原高原美術館も設置され、観光客でにぎわう。霧鐘塔として立てられた美しの塔は、高原のシンボルとなっている。この塔の側面には美ヶ原産の鉄平石がはめこまれている。

最高峰は王ヶ頭（2034m）で、ここには電波塔が群立する。美ヶ原は長野県のほぼ中央に位置し、尾崎喜八の詩に詠まれたように360度さえぎるもののない眺望に囲まれていることから、テレビの送信所の適地として開発が進められた。県内のテレビ局5社の送信所が設置され、県内一円に電波が届けられている。現在はテレビ電波だけでなくFM放送電波の送信、官公庁やほかの業務用無線の中継局なども設置されている。

美ヶ原高原の土台

もっとも古い土台は、内村層と呼ばれる約1500万年前のフォッサマグナの海に堆積した地層である。海底火山の激しい活動で形成され、その後、変質作用を受けて緑色を呈していることからグリーンタフと呼ばれている。続いてこの地域の地下に、花崗岩類をつくる大規模なマグマが形成され、大地は隆起し陸化した。この隆起した地域は、中央隆起帯と呼ばれている。200万年前ごろにこの付近で大規模な火山活動が開始され、塩嶺累層と呼ばれる火山噴出物が広範囲に堆積した。

その後、現在の美ヶ原付近には陥没域が形成され水域が広がったが、再び活発な火山活動が起き、この水

1 美しの塔
1954年に霧のときに位置を知らせる霧鐘塔として立てられた
2 草原が広がる美ヶ原高原
草原は牧場として利用される
3 溶岩の台地
前方の平坦な面が溶岩のつくった面。溶岩の厚さは150mにもおよぶ
4 王ヶ頭のピーク
テレビの送信アンテナが群立する

域は埋め立てられた。この時期の堆積物は、美ヶ原の台地を南西に下った三城(さんじろ)牧場付近や扉峠(とびらとうげ)などで見られる。

高原をつくる溶岩流

王ヶ頭の電波塔が立つ丘は、安山岩の溶岩でできている。これは美ヶ原をつくった最後の溶岩で、約130万年前に流出した。現在の美ヶ原をおおう厚い溶岩流は約150mにおよぶ層厚をもつ。

その後も、この地はさらに隆起を続け標高2000mを超える高原となった。**高原をおおった溶岩は、比較的粘り気が少なく流動性に富むものだったため広い範囲に広がった。**

広々としたなだらかな草原が広がる風景は、この溶岩の流れた面がつくったもので、人びとに親しまれる高原は火山活動でつくられたものである。

〈花岡邦明〉

17 霧ヶ峰高原

草原が広がる霧ヶ峰高原を形成したものは？

1

草原が広がる台地

八ヶ岳中信高原国定公園の一画を占める霧ヶ峰高原には、観光道路ビーナスラインが通り、年間を通じて多くの観光客が訪れる。この地域には、車山(1925m)、鷲ヶ峰(1708m)、三峰山(1887m)など霧ヶ峰火山群を構成する山々が北西─南東方向に連なる。主峰である車山西側の緩傾斜の広い台地が霧ヶ峰高原で、標高1500〜1900mの広々とした草原が広がる。

ゆるやかな斜面の中にはいくつものピークと凹地があり、凹地には国の天然記念物に指定されている八島ヶ原湿原をはじめ、踊場湿原、車山湿原など高層湿原が点在する。

土台をつくった火山活動

約200万年前、諏訪地方一帯の広い範囲で大規模な火山活動が始まった。この火山活動の堆積物は塩嶺累層と呼ばれ、凝灰角礫岩や安山岩溶岩からなる。このころはまだ現在のような諏訪盆地は形成されておらず、凹凸の少ない平原状の地形が広がっていた。

塩嶺累層は、諏訪から塩尻にかけての広い範囲の平原をおおった。この火山活動期には、形成されつつあった初期の伊那谷を、大規模な火山泥流が流下した。その痕跡は現在の飯田市まで追跡でき、ミソベタ層と呼ばれ、特徴ある地層となっている。

高原をつくった霧ヶ峰火山

古期塩嶺累層をおおうように霧ヶ峰火山の活動が開始された。この霧ヶ峰火山の活動は2期に区分されている。第1期の活動では流動性のある溶岩が積み重なり、溶岩の厚さは50mを超える地域もある。この溶岩には、板状節理と呼ばれる流れた溶岩の表面に平行な節理がよく発達

1 阿弥陀寺と溶岩
阿弥陀寺で見られる霧ヶ峰第1期の溶岩

2 車山から見た霧ヶ峰高原
ゆるやかな草原が広がる。中央に見える平地が八島ヶ原湿原

3 諏訪湖から見た霧ヶ峰
諏訪湖対岸の平らな稜線が霧ヶ峰火山岩類でできた山。遠方は八ヶ岳

4 踊場湿原
草原に点在する高層湿原。遠くに見えるピークが車山

する。板状にはげやすく、鉄平石として採掘され、建設用資材として広く利用されている。

第2期の活動は80万年ほど前に始まる。現在の霧ヶ峰の地形をつくった活動で、車山周辺の広い台地をつくる安山岩の溶岩流などがこの時期の活動にあたる。

霧ヶ峰火山は、**流動性に富み粘性が低い溶岩を繰り返して噴き出し、その溶岩が固まってなだらかな台地をつくった**。このような火山は、楯(たて)を伏せたようなゆるやかな形状を示すことから盾状火山とも呼ばれる。

この台地は、眺望に富むだけでなく、さえぎるものも少ないため、車山山頂には気象庁の気象観測レーダーが設置されている。また、古くから採草地として利用され、草原の景観が維持されてきた。これも火山の恵みである。

〈花岡邦明〉

18 八ヶ岳

なぜ八ヶ岳は南と北で山の形が違うのか

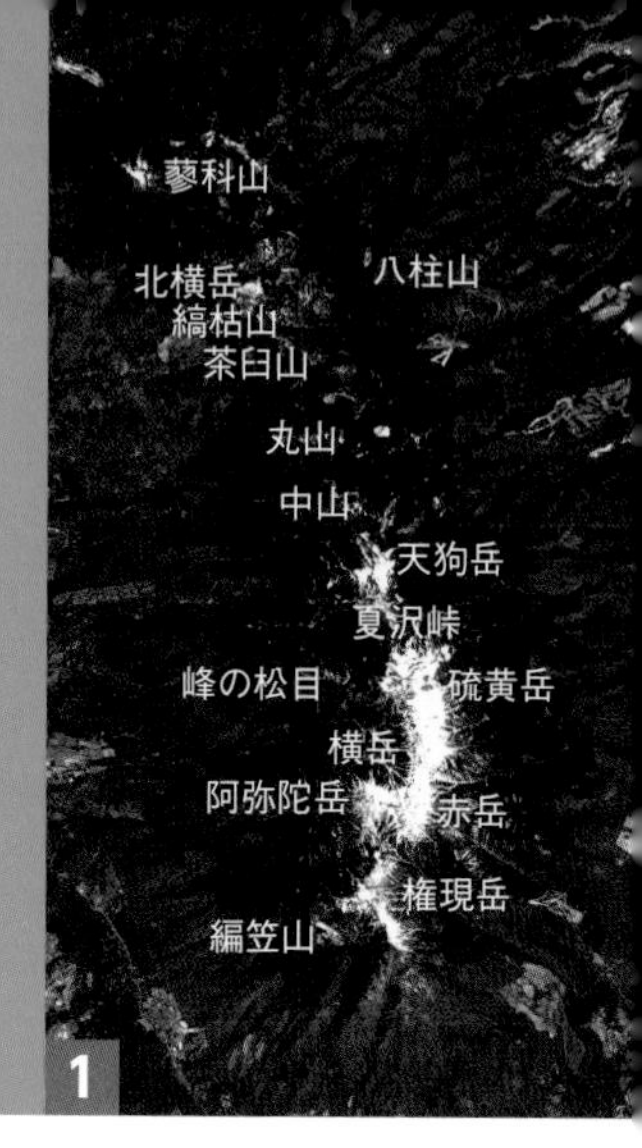

八柱山火山群

長野県と山梨県の県境に連なる八ヶ岳は、赤岳（2899m）を主峰に、標高2000m級の峰が10以上連なる山塊で、南の編笠岳から北の蓼科山まで、約21kmにわたっている。

八ヶ岳の北東部には、約120万〜80万年前に活動した火山噴出物や湖に堆積した礫層や泥流などの堆積物が広大な火山山麓をつくっている。これらは八柱山や蓼科山付近で噴火し、溶岩やスコリア流（黒っぽい多孔質の火山噴出物）などの噴出物をもたらした八柱山火山群によるものである。この八ヶ岳北東麓の堆積物は八千穂層群と呼ばれる。

八柱山火山群は80万年前には沈静化し、長い休息期に入った。数十万年の休息を経て、八ヶ岳火山群の活動が始まる。一般に夏沢峠を境に北部を北八ヶ岳、南部を南八ヶ岳と呼んでいる。ちなみに〝八つ〟とはたくさんの峰という意味で、特定の八つの峰を指すものではないといわれている。

成長と崩壊を繰り返した南

南八ヶ岳の阿弥陀岳周辺で約40万年前に活発な火山活動が始まった。当時この付近には大きな成層火山が存在し、成長と崩壊を繰り返していた。この阿弥陀岳火山は標高3400mまで成長したと推定されているが、約20万年前に大崩壊が起こり、韮崎岩屑なだれが発生した。権現岳山腹から編笠岳山腹までの範囲で形成された巨大な馬蹄形のカルデラ地形は、その崩壊の跡と考えられる。山梨県の七里岩にはそのころの崩壊のすさまじさを伝える崖が残り、日本で最大規模の崩壊物が見られる。

その後、権現岳付近を噴出源とした非常に激しい火山活動が発生する。権現岳火山は大量の溶岩流や火

1 八ヶ岳全体図
夏沢峠を境に北八ヶ岳と南八ヶ岳に分けられる。北八ヶ岳はゆるやかな山容だが、南八ヶ岳は鋭い岩峰となる（国土地理院電子地形図を加工して作成）

2 原村から望む八ヶ岳
八ヶ岳ビューポイントから撮影。右から編笠岳、権現岳、赤岳、阿弥陀岳、横岳、峰の松目、根石岳

3 侵食が進む山
南八ヶ岳主峰の赤岳(右)と阿弥陀岳(左)

4 侵食が進まない山
北八ヶ岳の北横岳を双子山から展望

砕流を流し、南八ヶ岳の姿を大きく変えていく。火山は、山体の形成期には溶岩や火砕流などを流して成長していくが、活動がおさまる崩壊期になると大規模な泥流や岩屑なだれが発生し、侵食が進み急峻（きゅうしゅん）な地形を形成する。

新しい時代に活動した北

十数万年前になると、南八ヶ岳で始まった火山活動は北上し、北八ヶ岳の峰の松目、中山、丸山、茶臼山（ちゃうすやま）などの溶岩ドームが形成される。さらに蓼科山、北横岳、縞枯山（しまがれやま）などの火山が活動した。

もっとも新しい活動は北横岳（2480m）で、最新研究では約600年前に噴火したとされる。**南八ヶ岳では長期間の侵食で険しい地形が形成され、北八ヶ岳では新しい時期に形成された溶岩ドームなどのゆるやかな地形が残されている。**〈近藤洋一〉

19 北横岳（きたよこだけ）

溶岩と高山植物が織りなす自然庭園 北横岳の坪庭はいつできたのか

1

北横岳の坪庭（つぼにわ）

北八ヶ岳の北横岳（2480m）の南に、景勝地の坪庭がある。八ヶ岳連峰の北部は、比較的新しい火山噴出物におおわれた場所が多く、蓼科山（たてしなやま）や縞枯山（しまがれやま）など激しい侵食を受けていないやさしい姿の山が多い。

坪庭は、標高2200〜2300mほどのところにある岩がちの平原で、ロープウェイを利用すれば、気軽に散策ができる場所である。ゴツゴツした岩場が広がり、地表面には土壌の堆積がほとんどない。坪庭は火山から流出したままの溶岩がむき出しになっている場所である。

坪庭溶岩

坪庭溶岩は、岩の内部は緻密（ちみつ）であるが外縁はガザガザで、冷えて固まったままの溶岩流の姿をよく残している。まわりを亜高山帯の森林に囲まれているが、坪庭の中にはシラビソなどの背の高い樹林がほとんどなく、高山帯に見られるようなハイマツやコケ、高山植物が生えている。

土壌がほとんどないことと、寒冷で乾燥した厳しい気候条件が相まって、坪庭の特異な植生景観をもたらした。坪庭の内と外では植生の違いが鮮明である。そのため、植生の違いに注目すると、坪庭溶岩流の流出範囲を肉眼でたどることができる。

坪庭の全景を見下ろす

坪庭から北横岳の頂上までは約250mの標高差があり、徒歩1時間ほどで登頂できる。山頂の肩に立つと、坪庭溶岩流の全景を見下ろすことができる。周囲の山腹の針葉樹林にはところどころ集団で枯死したことによる白い帯状の模様が遠望され、これは「縞枯れ」と呼ばれている。枯れた部分が斜面の下から上方に徐々に移動し、それとともに森林

1 坪庭
自然がつくりだした景勝地で、背の高い樹林がないことが大きな特徴

2 坪庭と周囲の山
周囲の山は森林におおわれていて、山腹の一部には「縞枯れ」と呼ばれる模様が見られる。1周約30～40分で散策でき、高山植物なども楽しめる

3 坪庭溶岩流
部分的にせりあがった形で固まった溶岩の姿が生々しい

4 初冬の坪庭全景
北横岳山頂の肩にまで登ると、坪庭の全景を見下ろすことができる

の更新が進む自然現象である。

北横岳山頂の北西側に見える凹地（くぼち）は、古い火口跡である。さらに北斜面を下ったところには亀甲池がある。池の底に見られる亀甲模様は、凍結・融解の繰り返しによってできる周氷河地形の構造土で、現在よりも寒冷な気候条件の下で形成された地形の痕跡と考えられている。

坪庭溶岩の年代は？

溶岩流の様子が生々しいことは、坪庭の溶岩が噴出した年代がかなり新しいことを意味する。最近の研究で、この溶岩は今から**約600年前に北横岳の噴火によってもたらされた**ものであることがわかった。火山噴火予知連絡会の定義では、概ね1万年前以降に活動したことが明らかな火山は活火山とされる。つまり北横岳は八ヶ岳連峰の中で唯一の活火山ということになる。〈富樫　均〉

20 天狗岳

歴史的な大災害が引き起こした大崩壊はなにを生み出したのか

1

天狗岳の大崩壊地

北八ヶ岳の最高峰、天狗岳（2646m）は日本二百名山での一座で、2つの峰をもつ双峰の山である。夏沢峠と麦草峠の間の八ヶ岳中央部（中八ヶ岳）は、30万～20万年前ごろ盛んに噴火して山体ができあがった。南牧村の湯川、杣添川の流域や広瀬付近にこの時期の湖成層があり、中八ヶ岳起源の黒曜石片を含む軽石層などが含まれている。約12・9万年前からあとの後期更新世になると山体が崩壊し、泥流などが頻発した。

小海町の小海原や松原湖付近からは険しい山容が続く八ヶ岳の山並みを目前に眺められる。千曲川から西に入って一段高くなったところに松原湖（猪名湖）、長湖、大月湖などの松原湖沼群がある。松原湖は夏にはボートが浮かび、冬にはワカサギの釣り場となる観光スポットで、青く澄んだ湖面に映る山々の景色は味わい深い。

山体崩壊で生まれた松原湖

天狗岳は非対称で、西側はなだらかな溶岩台地だが、東側は断崖絶壁となっている。この東側山頂近くの断崖は崩壊跡で、松原湖付近からもよく見える。

最後の大崩壊が起こったのは887（仁和3）年のことであった。河内晋平氏によると、天狗岳東麓から千曲川へ流れる大月川の流域に厚い大月川岩屑流という水をほとんど含まない岩屑なだれは、この大崩壊のときのものとされた。この岩屑なだれは大規模なもので、大月川の谷を埋めて、千曲川に近いところには多数の流れ山を形成した。**このときの凹部に水がたまって松原湖沼群ができた**と考えられている。

長野盆地にまで達した大洪水

その後、井上公夫氏らの研究で、

1 松原湖
天狗岳の岩屑なだれが流れた跡の凹地にできた湖沼群

2 中山峠付近から見た天狗岳
西天狗岳（右）と東天狗岳（左）で、東天狗岳頂上付近のとがった岩峰が天狗の鼻（天狗岩）。東側の山体崩壊がよくわかる

3 大月湖から見た天狗岳
中央の雪がたまっているところが崩壊場所

4 大月川流域の低地
中央部は岩屑なだれで埋め立てられた

この岩屑なだれが千曲川をせき止めてできた大きな天然ダムが、翌年888年に南海―東海に起こった大地震で決壊して、下流域に甚大な洪水を引き起こしたと説明された。

千曲市や長野市篠ノ井地区の平安時代の発掘現場では、厚さ数十cm～2mほどの砂層が検出され、平安時代前半の集落や水田を埋め尽くしている状況が明らかになった。これは仁和の大洪水の産物だと考えられている。

地震による天然ダムの決壊というと、1847（弘化4）年の善光寺地震の災害が知られているが、仁和の大洪水は地層からそれよりも何倍も大規模だったと思われる。平安時代の歴史書にも信濃国の洪水記事があり、地質学と考古学、さらには歴史学それぞれの研究が一致して、1100年以上前の大災害の一端が明らかになった。

〈中村由克〉

21 千畳敷（せんじょうじき）カール

千畳敷カールの氷河地形はどのように形成されたのか

高低差日本一のロープウェイ

駒ヶ根高原からバスでしらび平へ向かい、ここでロープウェイに乗り換え7分30秒で標高2612mの千畳敷駅に到着する。駒ヶ岳ロープウェイは高低差950m、1967（昭和42）年に日本最初の山岳ロープウェイとしてオープンし、多くの観光客や登山客を送迎してきた。千畳敷駅を降りると眼前に宝剣岳（ほうけんだけ）（2931m）のとがった岩峰が目に飛びこむ。宝剣岳の下に広がるお椀状の谷地形が、千畳敷カールだ。カールの底が平らになっており、畳1000枚ほどの広さに例えて名づけられたという。

中央アルプスの最高峰、駒ヶ岳は標高2956mである。駒ヶ岳の名称は、同じ中央アルプスの南駒ヶ岳や南アルプスの駒ヶ岳と区別して、西駒ヶ岳（伊那谷の西）あるいは木曽駒ヶ岳（木曽山脈の駒ヶ岳）などとも呼ばれる。宝剣岳、中岳、本岳などを総称して単に駒ヶ岳と呼ぶこともある。ここは木曽駒花崗岩（かこうがん）と呼ばれる約8000万年前に地下深くで形成された、白色の岩石でできている。

カールとはなにか

駒ヶ岳周辺には、千畳敷カールのほかにも駒飼ノ池（こまかいのいけ）カール、濃ヶ池（のうがいけ）カールなどのカール地形が見られる。山稜直下の斜面が丸くえぐり取られ、一方に開いたお椀形の谷地形をカール（圏谷（けんこく））という。カールの底はゆるやかに傾斜し、末端部が少し高まっていることが多い。そのため末端付近に池が形成されることもある。

カールは氷河によってつくられる。降り積もった雪が圧密を受けて氷となり、斜面に沿ってゆっくり流れ下ると氷河になる。氷河は、その側面や底面の岩石を削りながら流れ下り、

1 千畳敷の高山植物
アオノツガザクラとイワカガミ

2 千畳敷カールと宝剣岳
丸くえぐれたカール地形と稜線にとがった峰を見せる宝剣岳

3 平坦なカール底
先端の少し高い丘はモレーン（撮影：竹下欣宏）

4 モレーン
右端の建物が建つのはサイドモレーン。左端の池は末端のモレーン（撮影：竹下欣宏）

丸みをもった谷を形成する。この谷はU字谷と呼ばれ、谷底が深くえぐられたV字谷と区別される。氷河は削り取った岩石を押し流し、側方や前面に礫（れき）の高まりをつくる。これをモレーン（氷堆石（ひょうたいせき））という。

千畳敷カールができたのは

現在の中央アルプスには氷河は見られない。駒ヶ岳周辺に氷河があったのはいつのことだろうか。地球上には何回もの氷期があったが、直近の氷期はおよそ7万〜1万年前で、最終氷期と呼ばれる。最終氷期の中でももっとも寒かったのはおよそ2万年前である。この時期には、**宝剣岳の周辺に氷河が発達していた。この氷河が花崗岩でできている宝剣岳の山腹を削り、千畳敷カールをつくった。**その後、温暖化で氷河はなくなったが氷河のつくったカールが絶景をつくっている。〈花岡邦明〉

22 南アルプス

南アルプスはどのようにして高く大きい山脈になったのか

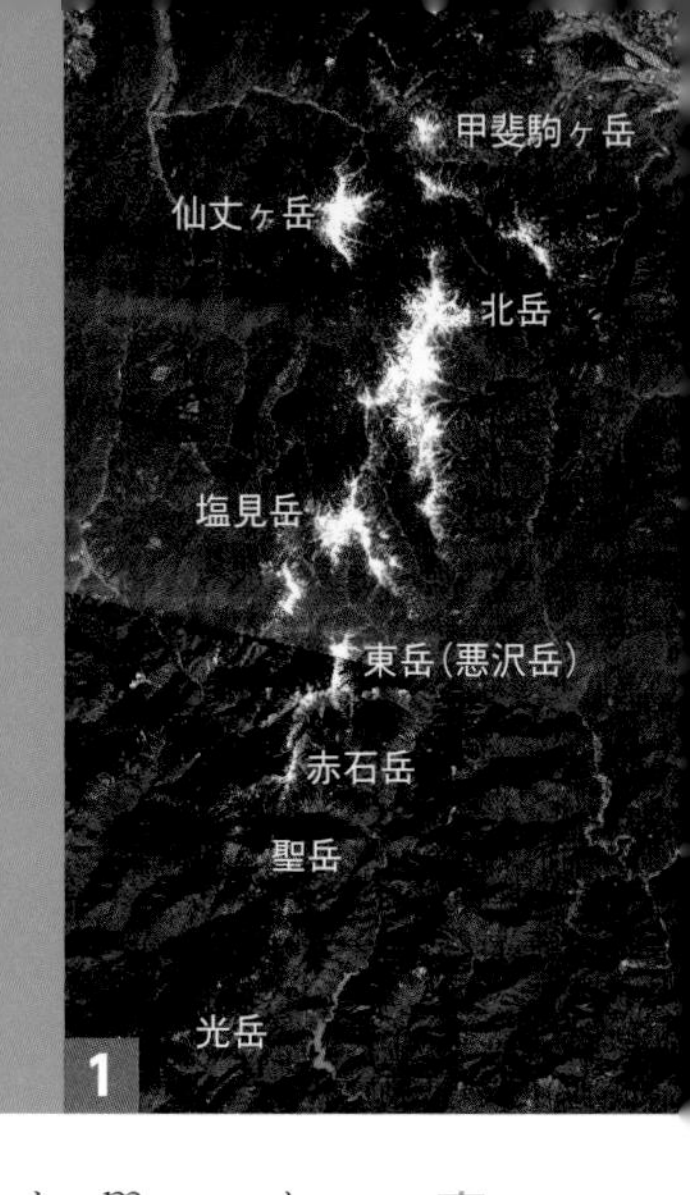

高くて大きい南アルプス

南アルプスは、南北120㎞にわたる山脈である。北の甲斐駒ヶ岳(2967m)から南の光岳(2591m)まで、主稜線には氷河地形の痕跡を残す3000m級の峰々が連なる。山のふところは深く険しく、その全貌を山麓の伊那谷から眺めることはむずかしい。写真2は、中央アルプスの稜線から見た南アルプスのパノラマである。山脈の東には糸魚川—静岡構造線、西には中央構造線(一部は赤石構造線と重複)という大断層がある。南アルプスはそれら2つの断層に囲まれたくさび状の隆起山脈で、赤石山脈とも呼ばれる。

赤石という名の由来

赤石は、文字どおり赤い石である。南アルプスのあちこちに赤石と呼ばれる赤色チャートが露出する。赤色チャートは、シリカ成分に富む微細なプランクトン(放散虫)の死骸などの集合体で、遠洋の深海底に静かにたまった軟泥が岩石となったものである。南アルプス中央部の赤石沢や悪沢岳(3141m)山頂付近などには、赤色のチャートがよく露出する。

北部の幕岩や南部の光岳付近などには、サンゴ礁を起源とする石灰岩がある。遠洋の海底でできたこれらの岩石が現在の山の上にあることが、山の成因の一端を物語る。

山塊をつくった地層

南アルプスの地質の大半は、数千万年から数億年前の岩石が集合した付加体である。付加体というのは、海洋プレートが大陸プレートの下に沈みこむとき、海洋プレートの表層からはぎ取られた堆積物が、近くの陸側から海溝に運ばれてきた堆積物と混じり合い、陸地の縁辺に順次付け加わったものである。その結果、チャー

1 南アルプス全体図
長野県、山梨県、静岡県にまたがり南北120㎞に14の3000m級の山が連なる（国土地理院電子地形図を加工して作成）

2 伊那谷をはさんで望む南アルプス
中央アルプスにある木曽駒ヶ岳付近の稜線上から展望

3 南アルプス北部の山
塩見岳の山頂から望む

4 悪沢岳山頂付近にある赤石
遠洋の深海底にたまった軟泥が岩石となったもの

トや石灰岩などの岩塊を含む黒灰色の厚い砂岩・泥岩の地層が形成された。なお、山脈の北端にある甲斐駒ヶ岳周辺にだけは、地下のマグマが冷えて固まった花崗岩が分布する。

今に続く激しい隆起

付加体の地層は、褶曲や断層をともない徐々に変形していき、新生代第四紀（259万年前〜現在）の新しい地質時代には山域一帯が急激に隆起を始めた。その隆起には、フィリピン海プレートの沈みこみが影響した。とくに伊豆―小笠原に続く列をなす島々の塊が本州中央に衝突して地殻を大きく変形させ、南アルプスの急激な隆起を引き起こしたと考えられている。

南アルプスの峰々が高山になったのは、**活発な侵食作用を上回るような激しい隆起が、今も続いている結果**である。〈富樫　均〉

上田城（うえだじょう）

上田城跡

上田城は、1583（天正11）年に真田昌幸によって築かれ、今は多くの観光客が訪れる上田市の城跡公園となっている。400年以上も前の戦国時代に、真田氏がここで徳川の大軍を二度も撃退したことは有名で、難攻不落の城としても知られる。

上田城跡は、千曲川がつくった高さ約10mの段丘上にある。西櫓（にしやぐら）の下の段丘崖（だんきゅうがい）には、城の土台の地層が露出する。崖の下部には千曲川の古い河床礫（れき）があり、その上に「上田泥流」と呼ばれる火山由来の地層がある。最近の研究により、今から2万数千年前、ここから東へ約23km付近にあった黒斑（くろふ）火山が、上田泥流をもたらしたことが報告された。まだ浅間山が生まれていなかったときに、現在の浅間山がある場所の近くにあった成層火山が黒斑火山である。黒斑火山は活動末期に巨大な山体崩壊を起こしたことが知られ、その崩壊土砂の一部が山津波（岩屑（がんせつ）なだれ）となって千曲川の谷沿いに一気に流れ下り、上田盆地にまで到達し堆積した。それが上田泥流の正体であった。

その後、千曲川の侵食により、泥流の南側に段丘崖が形成された。また、水を通しにくい泥流層により、山側からの水が停滞し、盆地北側には湿地が形成された。この崖と湿地は、城の南北を守る天然の砦（とりで）となった。

さらに、上田泥流には軟らかいが崩れにくいという特徴があり、城の周囲に堀と土塁（どるい）を築くのに適していた。

このように、上田城は、上田泥流の上を選び、きわめて計画的に築かれた平城であった。泥流が城の守りに役立ったことは興味深い。同時に、自然がつくった地形と地質の性質をよく理解し、巧みに城づくりに活用した戦国武将の知恵と技術にも驚かされる。

〈富樫　均〉

古い河床礫の上にのる上田泥流

第2章

川と湖の絶景

番所大滝

23　千曲川（ちくまがわ）

中野市以北の千曲川はなぜ山の中を蛇行しているのか

1

立ヶ花狭窄部（きょうさくぶ）

　北アルプスの水を集める犀川（さいがわ）と、浅間山や甲武信ヶ岳（こぶしがたけ）など群馬・山梨県境からの水を集める千曲川が長野市の落合橋付近で合流する。その結果、長野県内に降る雨の約60％近い水が千曲川に集中するようになる。この落合橋より下流では川幅も広くなり、日本一の大河の姿らしくなる。千曲川の小布施橋は長さ９６０ｍを超え、長野県で最長の橋となる。しかし、その千曲川が長野市と中野市の境にある立ヶ花（たてがはな）付近では急に狭くなり、川幅が１００ｍほどになってしまう。ここは立ヶ花狭窄部と呼ばれ、長野盆地を流れる千曲川が氾濫（はんらん）する原因ともなっている。

　この立ヶ花より下流の飯山市蓮（はちす）付近までの中野市にあたる部分で千曲川は丘陵の中を流れ、しかも蛇行するようになる。この川沿いの丘陵は、高丘・長丘丘陵などと呼ばれ、その東側は延徳（えんとく）田んぼと呼ばれる平坦地である。この地ではリンゴやブドウの畑や水田が広がっている。一見すると、この平らな土地に千曲川が流れていてもよいのではないか、と不思議な感じがする場所である。

沈み続ける延徳田んぼ

　延徳田んぼは現在も沈み続けていて、そこに河川からの土砂が堆積してできた平坦な土地である。地下の様子を調べるためにおこなったボーリング調査では、約3万年前の鹿児島県にあった大規模カルデラが噴火した際の火山灰（ＡＴ）が地下30ｍの位置で見つかっており、約１０００年で1ｍの速度で沈んできたことがわかった。

断層の動きで隆起した丘陵

　延徳田んぼや夜間瀬川（よませがわ）扇状地の西側には高丘や長丘などの丘陵がある。

1 立ヶ花狭窄部
長野盆地西縁断層の動きによって川幅が急に狭くなり、災害が起こりやすくなっている。橋梁は立ヶ花橋

2 丘陵内を流れる千曲川
中野市奥手山で撮影。千曲川は、信濃川の流路延長367㎞の中上流部となり、長野県・埼玉県・山梨県境にある甲武信ヶ岳から新潟県境までの流路延長214㎞にあたる

3 延徳田んぼ
中野市と小布施町の境に広がる。長野盆地西縁断層の動きで水田は現在も沈み続けている

千曲川はこれらの丘陵の西側を流れている。また、現在の千曲川が蛇行して流れている地域は、かつて長野盆地にできた湖の一部であった。しかし、約20万年前から丘陵と延徳田んぼの間にある長野盆地西縁断層が動き、丘陵部は隆起していった。

千曲川はこの初期の丘陵部を蛇行して流れていたが、隆起量が大きくなると水量の豊富な千曲川は、その丘陵部を蛇行しながら侵食し続けた。しかも丘陵は新しい時代の軟らかい地層でできていたため侵食が進んだ。この長野盆地西縁断層の動きによる隆起は、現在まで断続的に続いている。

このように**千曲川は丘陵ができる前からここを流れていたが、その後、隆起して丘陵が形成されたため千曲川が山の中を流れるようになった**のである。

〈田辺智隆〉

24 布引観音

布引観音の大岩壁はどのようにできたのか

善光寺参り伝説の岩壁

小諸市と東御市の境近くを流れる千曲川の左岸にある大岩壁に、「牛に引かれて善光寺参り」で有名な布引観音がある。この岩壁は高いところで約170mあり、下から見上げると横の筋が目立つゴツゴツした岩肌が露出している。

参道を登っていくと重要文化財の釈尊寺がこの岩を削った中にあり、拝殿部分は崖に建てられた懸崖造りの舞台となっている。このほか多くの伽藍が安置され、江戸時代から断崖の観音様として親しまれてきた。

観音堂から1kmほど西に黒い岩肌の亀裂を埋めるように垂直に垂れ下がる白い地層がある(写真2)。これが布岩で、白い布がたなびいているように見えるところから善光寺参り伝説が生まれた。

凝灰角礫岩層でできた岩壁

参道沿いに見られるゴツゴツした岩は、約130万年前に火山から噴出された火山灰や溶岩の角礫などが堆積してできた凝灰角礫岩層で、小諸層群の布引層と呼ばれている。厚さが170mほどあり、千曲川沿いの2kmにわたってこの地層は続き、大きな岩壁をつくっている。

崖のまわりをよく見ると水平な地層と傾いている地層があり、縦に亀裂が入っているところもある。この亀裂を埋めるように白い軽石凝灰岩が縦に長く注入されてできたのが布岩である。このようにしてできた岩体を砕屑岩脈という。この白い軽石凝灰岩の中には角閃石や輝石などの鉱物が目立ち、仁王門タフとも呼ばれている。参道を登っていくと同じような軽石凝灰岩が何層か見られる。

湖に堆積した凝灰岩が隆起侵食

1 懸崖造りの拝殿
布引山釈尊寺の観音堂
2 布岩
真ん中に垂れ下がるようにある白い地層（軽石凝灰岩）が布岩。牛に引かれて善光寺参りの伝説で知られる
3 布引観音の大岩壁
地殻変動の隆起と千曲川の侵食で大岩壁がつくられた

400万～150万年前に小諸周辺が大きく陥没し、小諸層群の大杭層（おおくいそう）と呼ばれる湖沼堆積物が形成された。陥没運動の終わりごろには、美ヶ原・霧ヶ峰火山から火砕物（かさいぶつ）が噴出され、湖に堆積した布引層が大杭層をおおった。布引観音の大岩壁はこの地層からできている。

その後の地殻変動でこの地域が上昇して陸化すると、川の侵食を受け大きな侵食崖が形成された。さらに約100万年前にもう一度陥没が起きてこの地域は再び湖に沈み、軽石凝灰岩が亀裂を埋め、布岩が形成されたと考えられている。

布引観音の大岩壁は、2回におよぶ陥没によってできた盆地に、**近くの火山から供給された火砕物が堆積し、その後に隆起し陸化とともに千曲川によって大きく侵食され岩壁が形成された**ものである。〈近藤洋一〉

25 犀川

深い谷を蛇行する犀川はかつて平原を流れていた？

1

長野県西部の水を集める犀川

岐阜県との境にある上高地や乗鞍岳の水を集める梓川、木曽駒ヶ岳から流下する奈良井川、この2つの川が松本市島内で合流して犀川となる。さらに北アルプスの五竜岳以南の水を集める高瀬川が安曇野市明科で犀川と合流し、犀川沿いの山地の中を蛇行しながら流れていく。

そして、長野盆地へと流れこみ、千曲川と合流してさらに日本海へと注いでいく。つまり、犀川は長野県西部の山地に降る雨や松本盆地周辺の水をすべて集め、長野盆地へ流れていくのである。

深い谷と蛇行する犀川

犀川に集まる大量の水は犀川沿いの山地を削り、深い谷をつくった。生坂村山清路は、犀川が侵食した険しい渓谷で、川沿いでは海に堆積した新第三紀層を観察できる。この地域は、沈降し海になった地域で、フォッサマグナ地域と呼ばれる。そこに砂や泥、礫や海底火山が噴出した凝灰角礫岩などが堆積して厚い地層を形成した。

新第三紀層でできた地域を流れる犀川は、地層の硬軟の差や地質構造の影響を受けて、蛇行を繰り返す場所ともなっている。犀川沿いの小高い場所から犀川を眺めると、蛇行する様子がよくわかる。

平原を流れていた犀川

この深い谷ができる前、犀川が流れていた平原を見られる場所がある。長野市大岡のアルプス展望公園から、北アルプスを一望すると、北アルプスの手前に大峰高原の平らな地形を見ることができる。それだけでなく、その一帯の山の高さがそろっていることが確認できる。

この標高800〜1000mの平

1 大地を侵食する犀川
生坂村山清路で撮影。犀川とその支流の麻績川、金熊川が合流する地点
2 山の間を流れる犀川
生坂村棚の平から撮影。安曇野市明科からは筑摩山地を深く削りこみながら流れる
3 北アルプスと大峰面
長野市大岡のアルプス展望公園から撮影。大峰面は長野市西部の北部フォッサマグナ地域に分布する低い丘陵地帯を指す
4 蛇行しながら長野盆地へ流れこむ犀川
長野市安庭付近を県防災ヘリから撮影

坦な地形は大峰面と呼ばれる。大峰面は、かつて犀川が北アルプスから日本海へ流れていた当時（約100万年前）、犀川がつくった平野の名残である。海だったフォッサマグナ地域に堆積した地層が隆起し、ここには北アルプスから流れてきた砂礫がつくった大きな扇状地や平野が広がっていたことを示している。

この平原だった部分がさらに隆起してできたのが犀川沿いの山地で、平原だったころすでに犀川は蛇行して流れていた。**平原の隆起とともに侵食が進み、犀川の深い谷が形成されていった。**つまり犀川沿いの山地が形成される以前から犀川は流れており、まわりの大地が隆起してきて山地となった。山地の誕生より川の誕生のほうが先である。このような河川を先行河川と呼んでいる。

〈田辺智隆〉

26 姫川渓谷（ひめかわけいこく）

深く険しい姫川のV字谷はどのように形成されたか

1

糸静線に沿う姫川の流路

姫川は、白馬村佐野坂を源とし、白馬山系からの支流を合わせ、北流して日本海に注ぐ長さ約60㎞の河川である。白馬岳（2932m）から日本海まで一気に流れ下るため、流れは急流である。白馬盆地を過ぎて小谷村付近からは山間地を縫って流れるようになり、渓谷を形成する。

姫川の流路は、日本列島の中央部を横断する断層、糸魚川―静岡構造線（糸静線）に沿っている。糸静線の西側は主として数千万年前より古い中・古生代の地層で構成される。一方、東側は約1500万年より若いフォッサマグナの海にたまった地層から構成される。姫川は、このように複雑な地質に加え、さらに断層によって脆弱（ぜいじゃく）になった山地を流れるため、土砂災害が多く、地域の人びとは災害との闘いを強いられてきた。

多発する大規模な土砂災害

1911（明治44）年、姫川支流の浦川上流にある稗田山（ひえだやま）の山頂北側斜面が突然大崩壊した。大量の土砂が土石流となり浦川を流下し、姫川との合流部に達した。姫川まで押し寄せた土砂は高さ60mにもなり、姫川をせき止め大きなダム湖となった。この災害で23人が命を落とし、日本三大崩れの1つに数えられている。

浦川ではその後も崩壊が続き、現在も大規模な砂防工事がおこなわれている。歴史時代には姫川沿いで真那板山（まないたやま）の大崩壊や岩戸山の崩壊などが記録されている。また、大規模な地すべりも多く引き起こされてきた。近年では、1995（平成7）年7月、梅雨前線による豪雨で土砂災害が多発し、国道148号や大糸線が寸断された。2014年に発生した神城断層地震の際にも震動により

1 稗田山崩れ追悼碑
災害から100周年を記念して立てられた
2 真那板山と姫川狭窄部
大崩壊を起こした真那板山(右手のえぐれた部分)と崩壊土でできた葛葉峠(左手の低い丘)の狭窄部
3 浦川
上流部の崩壊で荒れた浦川の河床。治山工事が進められている
4 山間を流れる姫川
正面に見えるのは姫川第三ダム

地すべりが発生した。

隆起する山地と姫川の侵食

姫川の東側の山地は、西頸城山地と呼ばれる。この地域は主として北部フォッサマグナの海の堆積物で構成される。これらの海成層でもっとも高所に位置するのは火打山(2454m)で隆起量が大きい。この隆起する地域を小谷隆起帯とも呼ぶ。姫川は隆起帯のできる前から存在しており、**激しい隆起に加えて複雑な地質や構造の山地を侵食して流れ、深いV字谷を形成した**。つまり、もともと平地を流れていた姫川が、その後に隆起した山地を削った先行河川である。

この険しい渓谷は、太古の昔にこの地に産出するヒスイを各地に運んだり、日本海の塩や海産物を信州へ届けたりする重要な街道「塩の道」としても使われてきた。〈花岡邦明〉

27 高瀬渓谷（たかせけいこく）

紅葉の名勝地 高瀬川上流の谷が南北に長いのはなぜ？

花崗岩（かこうがん）がつくるV字谷

槍ヶ岳（３１８０ｍ）を源流とする高瀬川は、上流の湯俣（ゆまた）温泉から高瀬ダムまでの間約10kmに南北に長いみごとなV字谷をつくり、紅葉の季節には色彩豊かな渓谷の姿を見せてくれる。

両岸の斜面は花崗岩（かこうがん）からなり、急勾配のため侵食が進み、渓谷の至るところで花崗岩の崩壊地形が見られる。流域には高瀬ダムや七倉ダム、大町ダムなどが建設され、水力発電に利用されるとともに、高瀬渓谷の景観の1つとなっている。

高瀬ダムは日本で2番目に高い１７６ｍのダムで、花崗岩の崩壊でできた多量の岩屑（がんせつ）がロックフィルダムの堤体の材料として使われた。ダムによってできた人造湖はダム湖百選に選ばれており、渓谷とエメラルドグリーンの湖水がつくる景観は観光客の人気スポットとなっている。

湯俣温泉と噴湯丘（ふんとうきゅう）

高瀬渓谷の湯俣川と水俣川の合流付近の標高１５３０ｍに湯俣温泉がある。泉質は含食塩硫黄泉で豊富な湯量の内湯と露天風呂を有し、登山客に人気の温泉である。

この温泉の１kmほど上流、湯俣川下流左岸の河原には熱湯が湧出する場所があり、周囲には硫化水素臭が立ちこめている。この河原の中に温泉沈殿物が堆積して盛り上がった噴湯丘がある。これは熱湯の温泉に溶存している炭酸カルシウムと硫黄が沈積したもので、今なお生成されているところはほかにない。１９２２（大正11）年に国の天然記念物に指定され、２００９（平成21）年には日本の地質百選に認定されている。

高瀬川断層と花崗岩の渓谷

槍ヶ岳（やりがたけ）北東の天上沢上流から高瀬

1 南北に長い高瀬渓谷
高瀬川沿いの湯俣温泉から大町ダム・七倉ダム・高瀬ダムと葛温泉一帯が高瀬渓谷（国土地理院電子地形図を加工して作成）

2 紅葉の高瀬渓谷
県内屈指の紅葉の名所となっており、秋には多くの見物客が訪れる

3 高瀬ダムのダム湖
湖面がエメラルドグリーンに輝く

4 高瀬ダム
岩石を使った堅牢なロックフィルダム。堤高176mでロックフィルダムとしては日本一高い

川を経て不動沢まで南北方向に高瀬川断層と呼ばれる幅200mの破砕帯（はさいたい）をもつ断層が走る。この断層はほぼ高瀬川と並行して走る。高瀬川渓谷上流部は、この断層沿いに河川が侵食されて直線的なV字谷が形成された典型的な断層線谷である。

このように高瀬渓谷の上流部には南北方向の長い高瀬川断層があり、**山地の隆起とともに断層に沿って高瀬川の侵食が進み、直線的なV字谷が形成**されたのである。

高瀬川断層の西側には6000万～5000万年前に生成された有明（ありあけ）花崗岩や奥黒部花崗岩が分布し、東側には西側より新しい時代の花崗岩を主体としたさまざまな貫入岩が分布する。花崗岩は、風化に弱く崩れやすい性質があるため断層に沿って高瀬川の侵食が進み、幅の広い谷となった。

〈近藤洋一〉

28 阿寺渓谷(あてらけいこく)

阿寺渓谷の水の色が美しく変幻するのはなぜ？

1

エメラルドグリーンに変幻

阿寺渓谷は、大桑村の木曽川右岸にあり、美しい水の色が注目されている。渓谷を流れる阿寺川の水の色は、「阿寺ブルー」といわれる透明感のあるエメラルドグリーンである。しかも、川の色の濃さや色合いは、川の水の深さや見る位置により、また時間とともに変化する。

水に色はついていない

歩いて自分の位置を変えると、水の色も変化するので、川の色は水に溶けているものの色が原因ではないことがわかる。純粋で透明な水そのものが光の色をエメラルドグリーンに変え、川底を映し出している。

太陽からの光に色はついていないが、太陽からの光に照らされて、赤いものは「赤く」、青いものは「青く」見えるのは、太陽光の中から、「赤い光」だけ、あるいは「青い光」だけを反射し、ほかの色の光は、その物体が吸収してしまうからである。

純粋な水にもそのような性質があるが、水が吸収するのは何色かについては、日常の生活では気がつかない。光が水の中を通るとき、赤系統の色は吸収されやすく、青系統の色の光だけが川底の深いところまで達し、川底を照らす。私たちは、阿寺渓谷の川底が、この青系統の色の光によって照らされているのを見ている。川底の深さの違いに左右されて、赤色の吸収量が違うので、青っぽさの程度が違うのである。そのためさまざまな色合いをしたエメラルドグリーンの川底を見ることになる。

「阿寺ブルー」の秘密

阿寺川の集水域(しゅうすいいき)のほとんどには灰色の溶結凝灰岩(ようけつぎょうかいがん)が分布し、下流部には花崗岩(かこうがん)が分布する。この溶結凝灰岩は、中生代白亜紀（1億4500万

1 赤彦吊り橋
阿寺渓谷の中ほどに架かっている

2 阿寺渓谷
全長は15㎞あり、浅いところは透明、深いところは青系統の色が濃い「阿寺ブルー」を楽しむことができる

3 川底の様子
粘土や土は見えない。透明度の高い水が流れている

4 深い淵の川底
濃いエメラルドグリーンに見える

〜6600万年前）に大規模噴出したもので濃飛流紋岩（のうひりゅうもんがん）と呼ばれている。阿寺渓谷の川底のこれら岩石や砂が白色を帯びていることが、この現象を目立たせている。

　水の流れがよどみ、深くなったところで、エメラルドグリーンの美しい川底の色がより強く見える。深いところほど赤系統の色の吸収が多いからである。しかし、ふだん、私たちが見ている川では、小さな微生物や粘土成分が水中に浮遊しているので、青系統の光でも、深い川底に達することは、むずかしい。

　阿寺渓谷の水が、エメラルドグリーンに見えるのは、**渓谷の水の透明度が高く、深い川底まで達することができる青系統の光に照らされた川底を見ているから**である。川底が白い砂や石であることもこの現象を目立たせている。〈塚原弘昭〉

29 寝覚の床

中山道の奇勝 寝覚の床は なぜできたのか

中山道の名勝

国道19号に沿った木曽谷は、２０２０（令和２）年に日本遺産に認定されるなど景勝地として再注目されている。その代表的な観光地が寝覚の床で、国の名勝に指定され、日本五大名峡にも数えられている。

寝覚の床はＪＲ上松駅から南に約２㎞、木曽川が東側に大きく屈曲する場所にあり、白色の花崗岩の巨岩が河床の両側に林立している。一番流路に近いところでは、水面から約６ｍの高さで、水平には数ｍから30ｍほどの四角い岩が段々になっている。寝覚の床のあたりで狭くなった木曽川は深い淵をつくり、大変透きとおった水の流れをしている。

この花崗岩は黒色の小さな黒雲母を点々と含み、白色の長石と透明感のある石英の粒が見える。１億〜７０００万年前にできた領家花崗岩類に属し、木曽地方から岐阜県東濃に分布する苗木-上松花崗岩で、ここのものは細粒のものとされている。

寝覚の床の岩の特徴

マグマがゆっくり冷えて固まり花崗岩になる際に、岩体内部には多数の割れ目（節理）が形成された。寝覚の床の岩の段々は、この節理に沿って岩が割れてできたものである。

さらに、寝覚の床の流路内側の岩の上面には、ところどころ数十㎝から１ｍ以上のくぼみ状の穴ができている。これは甌穴（ポットホール）といわれ、洪水のように水位が高かったときに岩盤上の節理などで少し削れた場所に小石が運ばれ、その位置で水流により小石が回転したことで岩に小さなくぼみができて次第に大きくなったもの。流路より奥側の岩のほうが高いため、川の水流は相対的に段々と下方に変化してきたこと

1 花崗岩中の節理面
この割れ目に沿って寝覚の床ができている

2 寝覚の床
四角い巨大な花崗岩が林立する中を木曽川の清流が流れる

3 臨川寺下から望む寝覚の床
木曽川の屈曲部にある寝覚の床。手前の線路はJR中央西線

4 花崗岩の表面にある甌穴
かつてはこの位置まで流れがあったため小石の作用で穴がうがたれた

がわかる。

寝覚の床はなぜできたのか

長野県を流れる大きな河川には、千曲川や犀川(さいがわ)のように平と呼ばれる盆地が形成されることが一般的で、そこには砂礫(されき)が厚く堆積して平らな地形をつくっている。しかし、木曽川の流域は地盤の隆起が速いと推測されるため大きな盆地ができずに川沿いに深い渓谷が連続している。上松町付近でも木曽川東側に小規模に段丘があるだけで、あまり砂礫などは堆積せずに岩盤が露出していたために寝覚の床の地形がつくられた。

このように寝覚の床は、この地域に分布する**花崗岩中にある節理などの物理的条件と、氷河時代のあと約1万年前より以前から上昇し続けてきた地盤の動き、岩と水のせめぎあいでつくられた**大地の創造物だということができる。

〈中村由克〉

30

太田切川・与田切川

中央アルプス山麓の河床にはなぜ巨礫が多い？

1

山麓に運ばれた巨礫

太田切川は中央アルプスの主峰宝剣岳、与田切川は南駒ヶ岳を源とする。両者とも中央アルプスの高所から伊那谷へ向けて流れ下る。山頂からふもとまで直線距離はともに８kmほど、標高差も約２０００mある急勾配の急峻な河川である。両者の山麓部には、径１m以上の巨礫が至るところで見られる。これらは土石流によって運ばれ、山麓部に広い扇状地を形成した。

駒ヶ根高原は千畳敷カールへの入り口、太田切川がつくる扇状地の扇頂部にあたる。駒ヶ根橋下流の両岸には遊歩道や橋が整備され、河床の様子と工法が観察できる。河床は過去の土石流の威力を十分考慮して、両岸を高い護岸堤で仕切って分流を防ぎ、河床には床固工を数多く設置して土石流の流れを弱め、河床の侵食を防いでいる。

駒ヶ根高原に見られる新旧の巨礫

駒ヶ根橋下流の河床は径１m以上の礫におおわれ、壮観な河原となっている。中には径５mを超える大きな礫も見られる。これらの巨礫は、いずれも円礫で上流域の山地をつくる花崗岩や片麻岩からなり、全体に白色の河原となっている。

太田切川河床から一段高い扇状地面上にある切石公園には、「菅ノ台の七名石」と呼ばれる蛇石・御座石・切石・疱瘡石・地蔵石・袋石・小袋石の７つの巨大な礫が分布する。いずれも径４m以上の円礫で、上流山地から運ばれた花崗岩や片麻岩である。もっとも大きい切石は花崗岩で、２つに割れているが長径10mを超える。これらはこの扇状地が形成されていたころの土石流によって運ばれたもので、当時の土石流の

1 太田切川河床
黒沢合流部付近の河原には径１～３ｍの花崗岩の巨礫が多い

2 こまくさ橋上流の太田切川
川幅120mの河床に床固工や護岸堤。こまくさ橋の上から河床が観察できる

3 切石公園の切石
２つに割れた花崗岩巨礫。礫種は木曽駒花崗岩

4 与田切川下流左岸に連続する崖
高さ40mの崖で上部は鳥居原礫層、下半部の樹木で隠れている部分は田切礫層

激しさを物語っている。

礫層の堆積と巨礫の誕生

与田切川が天竜川と合流する地点から上流左岸に高さ約40ｍのみごとな扇状地礫層の崖（がけ）が見られる。この崖の下部は田切（たぎり）礫層、上部の礫層は鳥居原礫層と呼ばれている。鳥居原礫層は、10万～4万年前の間に鳥居原をつくった与田切川の扇状地礫層である。この礫層が示すように中央アルプスでは、土石流が繰り返し発生し山麓の扇状地を形成した。

花崗岩には方状の節理があるため大きなブロックで崩れやすく、山麓までの距離が短いため礫が小型化しにくいなどの条件により巨大な礫が形成された。花崗岩からなる中央アルプスは、新しい地質時代に急激に隆起した山地で、花崗岩の風化や谷の侵食が進み、巨礫を含む土石流が発生しやすい山地である。〈赤羽貞幸〉

31 杖突峠―青崩峠

長い直線的な谷はどのようにしてできたのか

1

直線的に連なる大きな谷

　南アルプスと伊那山地との間には、杖突峠から静岡県境青崩峠まで続く長さ80kmにわたる直線的な谷がある。この谷はさらに静岡県に延びる。谷沿いの道は直線的なため、信州から三州方面への近道、間道となっており、秋葉街道とも呼ばれ、古代から重要な街道であった。

　この谷は、北から藤沢川と三峰川、鹿塩川と青木川、上村川・遠山川・八重河内川の3つの谷筋に分かれ、その境には分杭峠、地蔵峠、青崩峠がある。分杭峠以北の谷は両岸斜面がゆるやかで谷は浅く、分杭峠以南の両岸斜面は急傾斜で深い谷となる。

谷沿いで見られる断層と崩壊

　谷沿いには大きな断層が走り、各所で断層の露頭が確認されている。この大きな断層は中央構造線と呼ばれ、九州まで連続する日本一の大断層である。大断層は、糸魚川―静岡構造線から西側の西南日本を二分し、断層の西側を「内帯」、東側を「外帯」と呼ぶ。内帯は領家変成岩、外帯は三波川変成岩や中生代の地層からなり、まったく異なる岩石が接し大きな地質学的境界となっている。断層に沿ってできた直線的な谷は、河川が侵食した典型的な断層線谷である。

　断層の露頭は、伊那市溝口（中央構造線公園）、大鹿村北川、大鹿村安康、飯田市上村程野などで確認されている。中央構造線沿いの地質は崩れやすく、谷沿いの東西の斜面には地すべりや崩壊が多い。このため構造線は厚い崩壊土砂におおわれているところが多い。1981（昭和56）年の伊那谷集中豪雨では、構造線西側の大西山が大崩壊。この崩壊地跡は大西公園として保存されている。

断層の動きを示す証拠

1 中央構造線公園の断層露頭
白色珪長岩（左）と黒色片岩（右）の間が中央構造線の断層

2 直線的な谷
大鹿村鹿塩付近から北方の分杭峠方面を望む鹿塩川沿いの谷（国道152号）

3 大西山の崩壊
崩壊した岩石は構造線の動きで形成された断層岩（変形岩）で崩れやすい

4 地震の崩れでできた出山
和田小学校校舎の背後のゆるやかな斜面をもつ小高い山（矢印）

中央構造線は、日本列島がアジア大陸の一部であった中生代白亜紀の1億年前ごろに誕生した。その後、断層の動きによって構造線の西側に沿って断層岩類（変形岩）が帯状に形成された。この断層岩類は、高遠から青崩峠まで分布する。構造線の西側の岩石は断層の破砕を受け、河川の侵食を受けやすく線状の谷がつくられた。

遠山地方では、1718（享保3）年に遠山地震が発生し、構造線の真上にあたる和田地区森山の北西斜面が大崩壊して遠山川へ押し出した。和田小学校裏の出山（でやま）はこのときの崩壊でできた。この地震は中央構造線の最新の動きによると考えられている。80km続く長大な直線的な谷は、**中央構造線の断層運動と河川の侵食によってできた断層線谷**であり、断層は現在も活動する活断層である。〈赤羽貞幸〉

32 遠山川渓谷

日本一深い遠山川渓谷と秘境・下栗の里はどんな場所なのか

1

高度差2500mの大渓谷

遠山川は南アルプスの聖岳（3013m）を源とし、途中で西南日本を縦断する中央構造線を横切り天竜川に合流する。遠山川と上村川が合流する飯田市南信濃の梨元から上流を遠山川渓谷という。

この渓谷は、長さ17kmあり、谷の高度差2500mと急傾斜で、谷が深い。近年、日本最深の変動渓谷として「nippon-1.net」に登録された。

渓谷では1944（昭和19）年、北又沢の奥深くまで約20kmの遠山森林鉄道が敷設され木材の搬出がおこなわれたが、1973年に全線廃止された。

遠山川の流域は、遠山郷と呼ばれている。霜月まつりなどの伝統芸能が残され、1989年には日本の秘境100選に選ばれた。また、下栗の里は伝統的な野菜や伝統文化で注目され、観光地となっている。

下栗の里はなぜ斜面に

「天空の秘境」「日本のチロル」とも呼ばれる下栗の里は、遠山川右岸の標高850〜1100mの斜面や尾根に張りつくように広がっている。遠山川渓谷の谷は、みごとなV字谷となり、川沿いには段丘などの平坦地はない。そのため、生活場所は下栗の里のようなややゆるやかな斜面や幅の広い尾根筋に限られる。

遠山川源流域にあたる大沢岳・聖岳・上河内岳付近の斜面には、多数の崩壊地があり、各支流にも崩壊地が多い。流域の山地は、1億年前の中生代の深海にたまった泥岩・砂岩・石灰岩・チャートなどからなり、複雑な地質構造とも重なり崩壊しやすい。このため豪雨時には遠山川に頻繁に土砂が押し出されている。

埋没林と大崩壊の痕跡

1 遠山川の谷
遠山川の谷底（手前右）と聖岳（左奥）の高低差は2500mあり日本一深い谷となる

2 下栗の集落
遠山川右岸上部の山地斜面にへばりつくように広がる天空の秘境

3 遠山川上流のV字谷
下栗集落から遠山川上流を望む。中央奥は聖岳

4 埋没林の樹木
遠山川中流部の小道木の河原に直立して立つ。樹木は土砂におおわれていたものが洗い出された

遠山川中流の大島から小道木（こどうき）にかけての河床には、埋没林が分布する。これらの樹木は年輪年代学により714（和銅7）年に枯死したことがわかった。同じころ遠山川支流である池口川沿いの日蔭山（ひかげやま）が大崩壊し、遠山川本流を大規模にせき止めたことが地質学的にわかっている。埋没林は、この堰止湖（せきとめこ）によってできたものと考えられている。この埋没林は、長野県の天然記念物に指定されている。

南アルプスは日本列島の中でも最近の隆起量がもっとも大きく、年間4㎜と最速の地域である。また、遠山川流域の地質は中生代の堆積岩で複雑な地質構造であるため、崩壊しやすく侵食されやすい性質をもっている。遠山川渓谷は、**隆起量の大きい地域であり、侵食を受けやすい場所**でもあったため、日本一標高差の大きい谷が形成されたのである。〈赤羽貞幸〉

33 天竜川(てんりゅうがわ)

日本屈指の天竜川の急流はどのように誕生したのか

1

天竜舟下り

飯田市南部、天龍峡付近から天竜川は川幅をぐっと狭くし渓谷を流れるようになる。この渓谷美を楽しむ天竜舟下りが観光客の人気となっている。近年、三遠南信自動車道が整備され、天龍峡付近に高さ80m、長さ２８０ｍの天龍峡大橋が架けられた。この橋には、そらさんぽ天龍峡という歩道が設けられている。

天竜川は、諏訪湖の釜口(かまぐち)水門に源を発し、伊那谷を流下して遠州灘(えんしゅうなだ)に注ぐ延長２１３㎞の河川である。本州中央部をほぼ直線状に流下するのが特徴である。天竜川は、天龍峡付近を境にして地形が大きく変化する。上流側は河岸段丘が発達し川幅も広いのに対して、下流側は山地を深く削りこむ渓谷を形成している。

渓谷ができるまで

天龍峡以南に分布するのは、領家(りょうけ)花崗岩類(かこうがんるい)と呼ばれる花崗岩で、1億～７０００万年ほど前に形成された岩石である。天竜川の両岸に花崗岩の切り立った岩肌が形成されるのは、花崗岩は比較的硬く侵食されにくく、節理と呼ばれる割れ目に沿って崩れやすいためである。

天竜川が花崗岩の台地を横切って流れるようになった歴史をたどってみよう。今から２００万年ほど前の前期更新世の時代には、まだ南アルプスや中央アルプスは高山ではなく、ゆるやかな広域に侵食された準平原が広がっていたと考えられている。ここに天竜川の原型としての低地がほぼ南北につくられていた。やがて、南アルプスが隆起を始め、伊那谷の原型が姿を現わした。

約70万年前からは、下伊那地方の南部地域から愛知県に広がる三河高原地域と、中央アルプス地域が断層

1 天龍峡花崗岩
花崗岩の断崖は渓谷美をつくる
2 そらさんぽ天龍峡
三遠自動車道の天龍峡大橋そらさんぽから見た天竜川と飯田線
3 渓谷を下る天竜舟下り
舟下りは多くの観光客でにぎわう
4 山地を蛇行して流れる天竜川
天龍村付近の山地を縫って流れる

によって切り離され、高山となった。中央アルプスは急激に隆起し、高山となった。一方、下伊那南部から三河高原地域はゆるやかに隆起を続け、この地域を流れていた天竜川は隆起とともに流路が固定されていった。

山地を蛇行する川

天竜川の流路が決まったあと、この地域はさらに隆起したため天竜川の谷が形成された。このような川は、先行河川と呼ばれる。天竜川の侵食量は、まわりの台地の隆起量より大きかったので深い谷を形成した。もしも侵食量が小さかったなら河川は流路を変更するか、湖などを形成したと考えられる。**天竜川は隆起量に比べ侵食量が優位であったため、かつての流路を保ったまま下方への侵食を続けた。**こうして、天竜川は蛇行して谷の中を流れる、穿入蛇行河川（せんにゅうだこう）となった。〈花岡邦明〉

34 野尻湖

野尻湖の成り立ちには火山が関わっている？

1

江戸時代から親しまれた野尻湖

長野県の北部に位置する野尻湖は標高657m、面積4・45㎢、最大水深38・3m、周囲14・3㎞、貯水量が9570万㎥あり、長野県で最大の貯水量を誇る。

江戸時代から風光明媚な湖水として知られてきた。琵琶島にある宇賀神社には、南北朝時代の1358(延文3)年、僧了妙によって大般若経600巻が奉納され、多くの人びとの信仰を集めていた。江戸時代後期の1834(天保5)年に書かれた観光ガイドブック『信濃奇区一覧』には「野尻湖水」として紹介されている。形が芙蓉の花に似ていることから芙蓉湖とも呼ばれる。

1920(大正9)年には外国人宣教師などが中心となって神山に国際村を開設した。1962(昭和37)年からはナウマンゾウの発掘で知られる市民が参加する野尻湖発掘が始まっている。

斑尾火山がつくる美しい岬

野尻湖の東側には、樅ヶ崎、松ヶ崎、砂間ヶ崎、竜宮崎といった岬が湖に大きく突き出ていて、変化のある景観となっている。これらの岬は斑尾火山の噴出物からなり、約70万年前の活動によって流下した火砕流や溶岩からなり、急深の湖岸線を形成している。岬と岬の間には平坦部が少なく、別荘や学校の寮以外の利用は困難であった。集落は菅川以外にはつくられていない。このために人為の影響が少なく、自然がそのまま保存されている。

黒姫山の大崩壊と野尻湖の原型

野尻湖ができる前、斑尾山の西麓に現在の野尻湖を横切る東西方向に大きな谷が存在していた。約7万年前に黒姫山の山腹が崩壊すると池尻

1 斑尾山麓から見た野尻湖

2 野尻湖
湖上に見えるのは黒姫山（左）と妙高山（右）。黒姫山の山麓が崩壊して岩屑なだれが発生。谷をせき止めたため野尻湖ができた

3 野尻湖の発掘
野尻湖の西岸に位置する立が鼻でナウマンゾウなどの化石が発掘されている。湖の後方に斑尾山が見える

川岩屑（がんせつ）なだれが発生し、この大きな谷を野尻湖西側の六月（ろくがつ）集落のあたりでせき止めた。それにより上流域の広い範囲が湛水（たんすい）しはじめ、池尻川低地や赤川流域に野尻湖の原型がつくられた。このときに堆積した地層が野尻湖層という湖成層で、砂や砂礫（されき）から構成される。

その後、約6万年前に野尻湖西側の仲町丘陵の隆起が始まり、野尻湖の水域が西から東へと移動していく。堆積物の解析から西の水域は浅く、東に深い湖が形成されていたことが推定されている。湖に堆積している地層の各時期の厚さを音波探査で調べると、もっとも厚いところが西から東に移動している。このように野尻湖は**黒姫山の崩壊によってせき止められた古野尻湖が、その後の隆起運動により西側が干上がって現在の姿になった**のである。〈近藤洋一〉

35 志賀高原の湖沼

志賀高原が湖沼や湿原の博物館だといわれるわけは？

1

自然の魅力を高める湖沼

志賀高原の自然が多くの人たちに注目されてきたのは、高原に展開する大自然の魅力である。豊かな自然は、起伏に富んだ火山地形の大地、変化の大きい気象状況、そこに生息する動植物の種類が多いことなどで裏づけられる。

また、原生的な森林と点在する湖沼や湿原がつくりだす水辺環境は、動植物にとっては欠かすことのできない場所となり、水生昆虫や湿原植物の宝庫となっている。

このような魅力ある自然は、江戸時代から住民の立ち入りを禁止する巣鷹山として保護され、1949(昭和24)年には上信越高原国立公園に指定され、1980年にはユネスコエコパークに登録された。とくに志賀山周辺の原生状態は維持され、守られている。

特異な水質の湖沼

大沼池の池尻や志賀山頂から大沼池のコバルトブルーに輝く湖水の色を見ると、誰もが感嘆の声を上げる。池の東側の赤石沢の上流には、深成岩が熱水で変質し白色を帯びた崩壊地がある。この変質した岩石に含まれる黄鉄鉱が、水や空気と触れると硫酸イオン濃度の高いpH3.0の酸性水となり、大沼池を強酸性湖とする。このため生息する生物は少ない。

志賀火山(P16参照)の新期溶岩の縁には、長池・三角池・元池・ヒョウタン池などが分布し、針葉樹の原生林からの湧水は、やや褐色の酸性の水である。旧期溶岩の台地上に分布する一沼・蓮池・下の小池・上の小池・渋池・元池・黒姫池などの水は、やや茶色から褐色で酸性の池である。また、四十八池や稚児池などの高層湿原にたくさん分布する池塘

1 台地状の凹地にできた渋池
池にはミズゴケなどでできた浮島がある

2 コバルトブルーに輝く大沼池池尻の湖水
湖水の色は水中に混ざっている微細な物質による光の散乱に起因する

3 南側の歩道から見た四十八池
高層湿原の中に数多くの池塘がある。東側の木道から観察できる

4 溶岩の境の凹地に湛水した長池
長池南側斜面は亜高山針葉樹林の原生林

（小池）は、腐植質を含む酸性である。

なぜ湖沼や湿原ができたのか

高原には30以上の湖沼や湿原があるが、それらは火山活動に関連した3つの種類に分類できる。

1つ目は、火山活動が終了したあとの火口に湛水したもの。志賀山山頂付近の志賀のお釜、鉢山山頂の鉢池、焼額山山頂部の稚児池などである。

2つ目は、火山活動の溶岩流の流れによってせき止められてできたもの。大沼池・逆池・旧志賀湖および田ノ原湿原などである。

3つ目は、火山の溶岩流がつくった台地上の凹地に湛水したもの。一沼・蓮池・長池・三角池・渋池・田ノ原湿原・四十八池など、志賀高原にはこの種の湖沼や湿原が多い。

高原では、**異なる水質や火山地形の違いによってできた種々の湖沼や湿原を見ることができる。**〈赤羽貞幸〉

36 仁科三湖

アルプスの鏡 仁科三湖はどのようにして誕生したのか

1

南北に並ぶ3つの湖

大町市から白馬村へ向かう途中、国道148号沿いに、南から北へ木崎湖・中綱湖・青木湖の3つの湖が並んでいる。大町市北部は古くは仁科郷と呼ばれ、これらの湖は農具川でつながっていることもあり、仁科三湖と呼ばれている。

仁科三湖の西側には北アルプスの険しい山脈が南北に連なってそびえ、湖岸の西側にも急な崖が南北に連続している。しかし、それとは対照的に湖の東側はなだらかな地形となっていて、そこを国道が走っている。

3つの湖とも南北に長いという特徴をもっている。青木湖は、面積は狭いが最大深度は58mもあり、長野県内でもっとも深い湖である。透明度も高く、青い湖面が広がる美しい湖である。中綱湖はこの三湖の中では一番小さく、水深も12mほどだが、ワカサギやヘラブナの釣りスポットとして知られる。木崎湖は水深29・5mで、ヤマメとアマゴが交配した雑種「キザキマス」が釣れることでも知られている。

仁科三湖の生い立ち

青木湖の北側には佐野坂の丘陵があり、大きな岩石がゴロゴロしている。これは青木湖の西側にある山地が大きく崩壊した際の土砂や岩石で、これらがかつての姫川をせき止め、青木湖をつくった。この崩壊は約3万年前に発生したと考えられている。

中綱湖は浅く、青木湖と同様に西側の地すべりが昔の姫川をせき止めてできた。

木崎湖は、鹿島槍ヶ岳から流れ下る鹿島川がつくった扇状地の土砂が農具川をせき止めたものと思われる。

1 青い水をたたえる青木湖
北側の佐野坂丘陵は姫川と農具川の分水嶺
2 残雪の北アルプスが映る青木湖
仁科三湖の中では最大の湖。長野県内では諏訪湖、野尻湖に次いで３番目
3 春の中綱湖
仁科三湖の中間に位置し、もっとも小さい（撮影：赤羽貞幸）
4 小熊山より見た木崎湖
木崎湖は鹿島川が運んだ土砂が農具川をせき止めてできた（撮影：竹村健一）

糸魚川―静岡構造線との関係

仁科三湖は日本列島を東西に分ける、糸魚川―静岡構造線（糸静線）の上に形成されている。この糸静線を境に、西側は恐竜がいた中生代（約２億５１９０万～６６００万年前）の地層や岩石が隆起した部分である。古い岩石であるため岩質も硬く、険しい地形をつくっている。しかし、東側は西側より新しい新生代新第三紀（２３０３万～２５９万年前）のフォッサマグナの海に堆積した砂や泥、凝灰岩（ぎょうかいがん）など比較的軟らかい地層でできている。

ここには糸静線の動きを反映して、もともと谷があり、その後の**大地の動きで崩壊や地すべりなどが谷をせき止め、仁科三湖が誕生した**。こうした生い立ちをもつので、仁科三湖は諏訪湖（P84参照）と同様に構造湖とも呼ばれる。

〈田辺智隆〉

37 諏訪湖（すわこ）

諏訪湖の誕生には2つの大断層が深く関わっている？

1

県内最大の湖

湖面標高759mの諏訪湖は県内最大の湖で、面積は12・8㎢、周囲の長さは15・9㎞におよぶ。一方、水深は浅く、もっとも深いところでも7・6mしかない。諏訪湖はゆがんだ台形のような形状で、その北東側、南西側は湖岸まで山地が迫っている。

それに対して、北西からは横河川、砥川（とがわ）などが流入し、運んできた土砂により広い扇状地が形成されている。一方、南東側からは上川、宮川などが流入しており、ここには粘土層やシルト層（砂と粘土の中間）など細粒の堆積物が厚くたまって、低平地を形成している。岡谷市側の釜口（かまぐち）水門から流出する水は天竜川となり、伊那谷を流れ下り太平洋に注ぐ。

諏訪湖の誕生

諏訪湖が誕生したのはいつごろだろうか。その時期を探る鍵は、湖岸で掘削された深度400mにおよぶボーリング資料にある。このボーリングの深さ370mまでは、砂やシルトなど細粒の物質が中心であるが、ところどころに泥炭層をはさんでいる。最深部の400m付近には河川が運んだ礫（れき）層が分布しており、このころに諏訪湖が誕生したと考えられる。また、砂やシルト層中には何枚かの広域火山灰層がはさまれており、それらの年代をもとに推測すると細粒の堆積物がたまりはじめたのは約20万年前とみられる。

400mにもおよぶ堆積物には泥炭層がはさまれていた。泥炭層は低湿地で形成される地層で、当時この場所が低湿地であったことを示している。つまりボーリング地点付近は現在とそれほど変わらない水辺の環境が繰り返されていたと考えられ、このことから長期にわたり湖はずっ

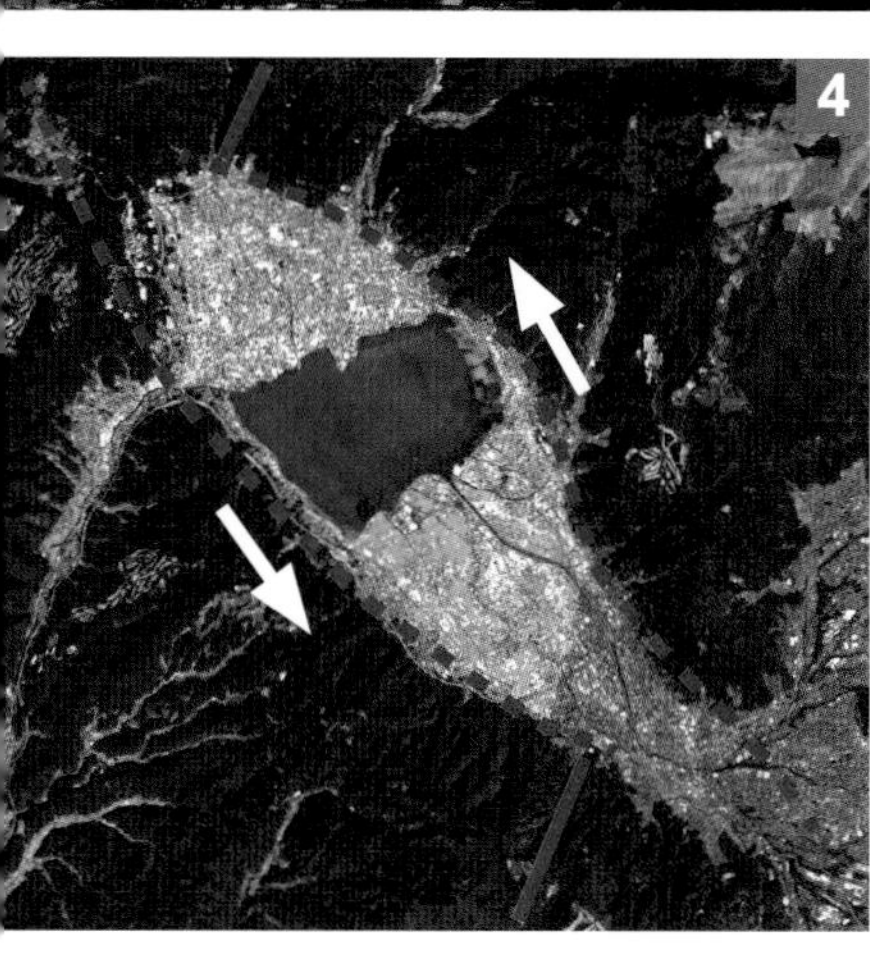

1 御神渡り

2 塩尻峠から見た諏訪湖と富士山
諏訪湖の南（右側）の山裾を糸静線の断層が通る

3 上諏訪上空から諏訪湖西岸
右端に釜口水門と岡谷市街地、左奥は雪をいただく御嶽山（撮影：赤羽貞幸）

4 諏訪湖の断層
北と南を走る断層（破線）活動で直線だった中央構造線（実線）が岡谷と茅野で約12㎞ずれた。この断層活動により諏訪湖が生まれた（国土地理院電子地形図を加工して作成）

と浅かったと推測される。では、なぜ厚い堆積物がたまったのだろう。それはこの地域が長期間にわたり沈降を続けたことを意味する。

断層がつくった湖

この地域が沈降を続けてきたのは断層活動の反映である。諏訪湖は中部地方を南北に区切る、糸魚川―静岡構造線（糸静線）と中央構造線とが交わる場所に位置する。糸静線は諏訪盆地の北と南で枝分かれし、その**2つの断層にはさまれた地域が陥没して生まれたのが諏訪盆地**である。このような盆地は陥没盆地と呼ばれる。この**陥没盆地に水がたまって諏訪湖ができた**のである。

浅い湖でありながら、河川から運ばれる堆積物で埋め立てられ湖が消滅しないのは、糸静線の活動が現在も継続し、諏訪盆地が沈降を続けているからである。〈花岡邦明〉

38 北八ヶ岳の湖沼

神秘的な北八ヶ岳の湖沼はどのような場所にできたのか

1

原生林の中の白駒池

八ヶ岳を横断する国道299号の麦草峠（2127m）から佐久側へ1kmほどのところに、白駒池の駐車場がある。ここから原生林の中を15分ほど歩くと池に到着する。アクセスがよいことに加え、林床をおおうコケの魅力や原生林に囲まれた白駒池の美しい景観が広く知られるようになり、多くの観光客が訪れる人気スポットになっている。

白駒池は標高2115m、周囲約1000m、深さ8・6mと八ヶ岳で一番大きな池で、標高2000m以上にある池としては日本最大でもある。この池の北側と南東側には高さ50mほどの小山があり、溶岩（白駒池東峯溶岩）でできている。さらに、池の西側にある丸山から噴出した溶岩（丸山溶岩）が東へ流れ、小山にぶつかって止まり、溶岩の高まりに囲まれた凹地が形成された。ここに水がたまって白駒池となった。

横岳火山周辺の湖沼

北八ヶ岳には白駒池のほかにも雨池、双子池、亀甲池、七ツ池と多くの湖沼がある。雨池は、白駒池に次ぐ大きな池であるが、とても浅く、流れこむ沢もないため渇水期には完全に干上がってしまうこともある。白駒池と同様に溶岩（雨池東峯溶岩と白樺平溶岩）に囲まれたなだらかな凹地に水がたまったものである。

双子池（雄池・雌池）と亀甲池は、標高2040mほどのところにあり、高さがそろっている。これは、かつて3つの池がつながっていた、すなわち1つの大きな池であったころの名残である。横岳（北横岳）の東側にある大岳付近から噴出し、北へ流れた溶岩（双子池溶岩）が、もともとあった池の大半を埋め立てて分断

1 白駒池周辺の原生林
林床がコケにおおわれている

2 紅葉の白駒池
標高2000mを超える高地にある天然湖としては日本最大。神秘的な原生林に囲まれコケと美しい紅葉で知られる（撮影：赤羽貞幸）

3 渇水で干上がった雨池
北八ヶ岳で白駒池に次ぐ大きさを誇るが、とても浅いため干上がることもある

4 亀甲池の構造土
水底に見られる亀甲模様は、氷期にできた構造土

してしまった。ちなみに亀甲池という名称は池の底の亀甲模様に由来する。これは構造土と呼ばれ、現在よりも寒かった時代（氷期）に表土が凍結と融解を繰り返すうちに礫（れき）が集積してできたものである。

七ッ池は、横岳から東側へ流れ出た分厚い溶岩（大岳溶岩）の上面にできた凹凸（おうとつ）に水がたまったものである。分厚い溶岩が流れるとき、冷え固まって表面に殻ができるが、内部はまだ軟らかく流動するために、表面にできた殻にしわが寄って凹凸ができるのである。

このように北八ヶ岳には多くの湖沼があり、美しい景観を楽しむことができる。これらの湖沼はすべて**溶岩に囲まれた凹地や溶岩表面の凸凹に水がたまった**もので、八ヶ岳の火山活動によって生み出されたものである。

〈竹下欣宏〉

39 王滝の自然湖

深い森と渓谷が沈んだ自然湖はどのようにしてできたのか

山奥の神秘的な湖

木曽川の支流、王滝川に沿って車を走らせると10分ほどで牧尾ダムが見えてくる。ダムを通過し、御岳湖に沿って10分ほど進むと王滝村の中心地に到着する。さらにここから王滝川沿いの細い道路を車で15～20分ほど行くと、突然川幅が広くなり、ゆったりと水がたまる湖のような景観が目に飛びこんでくる。これが王滝の自然湖である。

周辺は木曽ヒノキの濃い緑でおおわれ、水面には立ち枯れた白い木々が並び、神秘的な景色を楽しむことができる。とくに朝霧の立ちこめる早朝の自然湖は幽玄で美しい。

御嶽山の崩壊と自然湖

同じ王滝川にある御岳湖は牧尾ダムによってできた人工湖であるが、自然湖はその名のとおり自然の作用によってできた天然の湖である。

湖とは大量の水がたまった大きな水たまりであるから、川がせき止められればできる。では、どのような作用が川をせき止め、湖を生み出したのかというと、王滝川の北側に鎮座する御嶽山が関係している。

御嶽山は日本の火山で2番目の高さを誇る大きな山であるから、噴火によってせき止めが起こったと考えるかもしれないが、そうではない。

１９８４(昭和59)年9月14日に発生した長野県西部地震(Ｍ６・８)の大きな振動によって、御嶽山の一部が崩れたのである。崩れた場所は、王滝川支流の濁川のそのまた支流である伝上川の源頭部で、尾根が１つ抜け落ちて消失した。この崩壊は伝上崩れ、あるいは御岳崩れと呼ばれ、最大で幅５００ｍ、深さ１５０ｍに達する大きな崩壊地ができた。伝上崩れで流れ下った土砂の量は約

2

1 伝上川の谷
御岳崩れの大量の土砂が谷の中を流れ下ったため、谷壁が削られて溶岩の断面が露出し、縞模様が見られる
2 自然湖
大量の土砂が王滝川をせき止めたことで形成された。根元が水没している木々が立ち枯れている
3 御岳崩れの崩壊地
天気がよければ田の原駐車場か一望できる。崩壊地の最上部には尾根をつくっていた溶岩の断面が見られる

3

3400万㎥と見積もられており、この**大量の土砂が王滝川に流れこみ、濁川より下流の谷を埋め立てた**ことで、自然湖ができたのである。

自然湖の今後

王滝の自然湖ができて40年が経過しようとしている。同じくせき止めによる誕生から100年以上が経過した上高地の大正池では、立ち枯れた木々の多くが失われてしまった。自然湖の立ち枯れた木々も年々減少しており、数十年先には失われてしまうかもしれない。

また、自然湖に流れこむ下黒沢との合流部では、土砂の流入により徐々にではあるが埋め立ても進んでいる。ゆっくりとではあるが自然の景色は着実に変化している。そんな当たり前のことにも気づかせてくれる自然湖を、これからも見守っていきたいものである。 〈竹下欣宏〉

1

40 苗名滝（なえなたき）

地震のようにとどろく苗名滝はどのようにして形成されたのか

地震のようにとどろく滝

苗名滝は長野県と新潟県の県境を流れる関川にかかる落差55ｍの滝で、日本の滝百選に選ばれている。県境は日本有数の豪雪地帯で、妙高火山や黒姫火山に降った大量の雪が解けると、関川には大量の水が流れる。その本流にかかる滝なので、大変迫力がある。滝を落ちる水の音がまるで地震のようにとどろくので、古くは地震滝とも呼ばれ、地震を表わす古語の「なゐ」から「なゐのたき」と呼ばれていた。現在では変じて、苗名滝となっている。

滝をつくる苗名滝溶岩

苗名滝には縦に筋の入った岩壁がそびえ、滝の部分はU字のように侵食されている。この岩壁は、今から十数万年前に黒姫火山の活動によって噴出した溶岩である苗名滝溶岩からできている。黒姫火山は約25万年前、約15万～12万年前、約6万～4万年前の3つの時期に活動した火山で、そのほとんどが安山岩からなる。苗名滝溶岩は、この中でも比較的古い時代に活動した溶岩で、それらは滝周辺の関川沿いの崖で見ることができる。

一方、関川の左岸地域は、おもに妙高火山の溶岩や火砕流などが流れたところで、関川が妙高火山と黒姫火山の境界にあたる。関川の豊富な水が長い時間をかけて溶岩を侵食したためU字形の滝がつくられた。

このように苗名滝は、**十数万年前の黒姫火山の活動で流れた溶岩が関川に侵食されたため**、現在の大瀑布（ばくふ）の景観が創出されたのである。

縦縞（じま）は柱状節理

東屋（あずまや）から見る苗名滝は、縦縞が連なっていて、滝付近では断面が四角形をした角柱状の石を見ることがで

1 紅葉が映える苗名滝
関川の渓谷は、秋にはみごとな紅葉となり観光スポットとなっている

2 柱状節理
苗名滝溶岩の玄武岩の壁が特徴で、遠くから見ても角柱状の縦縞の割れ目がよく観察できる（撮影：竹下欣宏）

3 苗名滝
流れ落ちる滝の音が地震のようにとどろくことから地震滝とも呼ばれる

きる。この構造は柱状節理といい、火山が噴火しマグマが流れて冷えるときに体積が収縮してできる四角形や六角形の柱状の割れ目をいう。苗名滝にはこの柱状節理がみごとに発達していて、滝の景観をきわだたせている。

苗名滝へのルート

関川に架かる苗名滝橋を関川沿いに上っていくと駐車場があり、そこから800mの山道を登ると滝に着く。山道には2つの吊り橋があるが、1995（平成7）年の集中豪雨で流され、その後の復旧工事で整備されたものである。黒姫高原スノーパークの駐車場から苗名滝までは信濃路自然歩道が設置されている。黒姫火山の溶岩や関川沿いのサワグルミ群落などを見ながら歩く苗名滝までのコースは、森林セラピーの癒しの森コースに認定されている。

〈近藤洋一〉

41 雷滝（かみなりだき）

雷滝の裏側の道はどうしてできたのか

1

「裏見の滝」と呼ばれる雷滝

須坂市街地から松川をさかのぼり、山田温泉を過ぎて山田牧場へ向かう県道66号を登っていくと松川渓谷となり、そこには多くの滝が存在する。標高1100m付近に駐車場があり、そこから徒歩で坂道を下ると、そこにこの地域で最大の落差約30mもある雷滝がある。一気に大量の水が落ち、水しぶきがほとばしる。

この滝の特徴はなんといっても、滝の裏側にも道があることである。そのため裏見の滝とも呼ばれている。滝の裏側に入って大量の水の落下を楽しむことができる絶景スポットとなっている。

滝をつくるグリーンタフ

雷滝のある松川渓谷は深い谷となっていて、周辺一帯をつくる地層がむき出しになっている。これらは、マグマが冷えて固まった溶岩や溶岩の破片や火山灰層が混ざって海底に堆積した凝灰角礫岩層（ぎょうかいかくれきがんそう）である。

雷滝の入り口付近ではこれらの岩石の表面は茶色となっているが、岩を割って新鮮な部分を見ると緑色をしていることがわかる。これらは、約1600万年前の緑色凝灰岩（グリーンタフ）と呼ばれる岩石である。

当時、日本列島を東西に分けるフォッサマグナができ、この一帯は海底となった。その海底で多くの火山が噴火し、火山灰や溶岩の破片が厚く堆積した。約1000万年前からこの一帯には地下深くからマグマの貫入があり、石英閃緑岩（せきえいせんりょくがん）類が形成された。このマグマ貫入の影響もあって次第に隆起し、山地となった。

その後、河東（かとう）山地の隆起とともに山地斜面は松川の侵食を受けて深い渓谷が形成され、谷底には石英閃緑岩類が顔を出す。この石英閃緑岩類

1 紅葉の松川渓谷
松川渓谷の中間ほどに位置し、約180mの落差がある八滝

2 裏から見る雷滝
落差約30m・幅5mあり、裏見の滝とも呼ばれる

3 轟音を立てて落水する雷滝
ひさしのように出た岩の下をくぐり、滝を裏から見ることができる。水量が多く、迫力のある雷のような音が体感できる

4 雷滝の全景
滝は緑色凝灰岩でできた岩肌を侵食してできている

はマグマが冷えきっていないので、山田温泉や五色温泉、七味温泉などの熱源ともなっている。

裏見の滝はどうしてできたのか

海底にたまった地層は熱により緑色に変質した。加えて、隆起の際に生じた断層の動きなどもあり、グリーンタフの岩石もそれぞれ質や硬さに違いが生じた。緻密（ちみつ）で硬く侵食に耐える層もあり、軟らかくてボロボロと崩れ削られやすい層もできた。そうした、岩質の差が水に対する抵抗力の差となり、この周辺の滝はつくられていった。

雷滝の滝上部の緑色凝灰岩は変質し硬く、滝の下側（裏側）は一部に泥岩層がはさまれて比較的軟らかい。このため滝の裏側では侵食が進んで空洞となり、歩道がつくれるほどのへこみができたと考えられる。

〈田辺智隆〉

42 米子瀑布群（よなごばくふぐん）

日本の滝百選の米子の滝はどのようにしてできたのか

1

大岩壁と滝群

須坂市の中央を流れる米子川の上流、標高1500m付近には、高さ約100mのほぼ垂直の大岩壁が幅1kmにわたり連続する。その絶壁を流れ落ちる2本の滝が権現滝と不動滝である。落差が80mを超える2本の滝は、古くは「米子の滝」と呼ばれたが、1990（平成2）年に日本の滝百選に選定され、米子大瀑布という名で全国に知られるようになった。

ふだんは権現滝と不動滝のみ落水しているが、大雨のあとは両滝の水量が増すほか、一時的に多くの滝が出現し、米子硫黄鉱山跡の展望所からその勇壮な光景を一望できる。

2016年、信仰の対象にもなっている権現滝と不動滝を中心として大岩壁にかかる滝群は、その歴史・文化的価値が認められ、米子瀑布群として国指定の名勝となった。

米子大瀑布へのアクセス

須坂市街地から米子川の上流域へと続く細い山道を車で30分ほど走ると、断崖に囲まれた渓谷の中にある駐車場に到着する。ここから徒歩で米子川沿いの遊歩道を20～30分登ると権現滝と不動滝の間に建つ滝山不動寺奥の院（米子不動尊）が見えてくる。このお堂を起点に両滝を巡る周遊路が整備されており、両滝の雄姿を目の当たりにできる。とくに不動滝には間近まで迫ることができ、切り立った岩壁をほぼ真下から見上げられる。また霧状に舞い散る飛沫（ひまつ）が断崖の高さを感じさせてくれる。奥の院から10分ほど歩くと米子大瀑布を正面から眺められるビューポイントがあり、紅葉の時期はまさに絶景である。

大岩壁のでき方

米子瀑布群のかかる大岩壁は、柱

1 間近から望む不動滝
ほぼ垂直の岩壁を勢いよく水が流れ落ちている。よく見ると溶岩の足元がえぐれているのがわかる

2 紅葉の米子大瀑布
権現滝（左）と不動滝（右）の間にある建物は滝山不動寺奥の院。不動滝の左側にある黒い筋は黒滝と呼ばれ、大雨のあとには滝が出現する

3 米子瀑布群のかかる大岩壁
分厚い米子溶岩の断面が、幅約1kmにわたり連続する。中央の深い谷には米子川が流れる

状節理と呼ばれる縦方向の割れ目が目立つ厚い溶岩でできている。この溶岩は約80万年前、四阿山（あずまやさん）の初期の噴火により流出したもので、米子溶岩と呼ばれる。その後も噴火を繰り返し、その上に噴出物が積み重なり大きな火山が形成された。約45万年前に噴火活動が終了し、米子川の侵食により山体に谷が刻まれていった。

最大で１５０ｍの厚さをもつ米子溶岩層は、堅固で侵食に対して抵抗力をもつが、溶岩の足元の地層が侵食されると不安定になり、柱状節理に沿って崩落する。これを繰り返すことで、幅1kmにもなる垂直に近い高さ約１００ｍの大岩壁が形成された。このように米子瀑布群のかかる大岩壁は、**四阿山の初期に流出した柱状節理が目立つ厚い溶岩層と米子川の旺盛な侵食力によって生み出された**のである。

〈竹下欣宏〉

43 白糸の滝

絹糸のように流れ落ちる白糸の滝の水はなぜ濁らない？

崖の途中から水が噴き出る

浅間山のふもと、軽井沢町にある白糸の滝は、崖の途中から数百条の水が噴き出して白糸のように見える不思議な滝である。春には新緑、夏には滝しぶき、秋には紅葉、冬には水が凍り、四季折々に楽しめる。

滝は、湯川の源流となっており、白糸ハイランドウェイ沿いの駐車場から数分歩いたところにある。標高は１２６０ｍで沢の合流場所は半円形の広場になる。落差３ｍ、幅70ｍほどある岩肌から滝が流れ落ちる光景は圧巻である。滝の下は昭和の初めに地元の人たちが手を入れて整備した人造湖である。

白糸の滝の軽石層

崖の下から３ｍほどの高さに黄白色の粘土層が続いていて、水はそのすぐ上のあたりから流れ出している。粘土層の上は黒っぽく見えるが、よく見ると2、3㎝ほどの黄白色の軽石がびっしりと詰まっていて、軽石にはスポンジのように無数の発泡した小さな穴が空いている。このことから**地下水が不透水層となっている粘土層の上にある軽石の中を流れてきて、ちょうど白糸の滝のところで水がいっせいに噴き出している**と推定できる。通常の滝は、水量の変化や雨の影響で濁り水になるが、白糸の滝の水は地下水なのでいつもきれいに透きとおっている。

この軽石層は荒牧重雄氏の研究によると約2万年前の白糸降下軽石で、初期の黒斑山の噴火活動が終わって活動が東側に移動したころの最初の噴出物である。軽石は火山噴出物で、マグマが火口から噴出すると急激に内部のガスが揮発して多孔質になる。この軽石層はこのあたり一面に降り

1 冬に凍結した白糸の滝

2 夏の白糸の滝
岩肌の途中から噴き出した水が流れ落ちている

3 白糸の滝の地層
粘土層のすぐ上から水が出ていて、その上には厚い軽石層がある。この軽石層は仏岩溶岩が噴出した時期のもの

4 白糸の滝の軽石
約２万年前の火山噴出物でスポンジのようによく発泡している

積もっていると推察されるので、山体の東側の広い範囲に降った雨水が地下に浸みこんで、白糸の滝のところで噴き出していると推測される。

災害と恵みをもたらした浅間山

　このころには、浅間山から噴出した大量の軽石流がおもに南側に流れ、軽井沢町から小諸市に流下して千曲川に至る高台をつくっている。浅間山の噴火は今でも続いているが、最近のもっとも激しい活動は、1783（天明3）年の大噴火で、北側の嬬恋村、長野原町の吾妻川から関東平野まで泥流が流れ下り、大きな火山災害を引き起こした。

　このように激しい噴火を繰り返す浅間山だが、甚大な火山災害を引き起こしただけでなく、白糸の滝のように訪れる人を癒やすリゾート地の形成にもひと役かっているのだ。

〈中村由克〉

44 乗鞍三滝（のりくらさんたき）

乗鞍を代表する3つの滝ができた場所には秘密がある？

1

三本滝（さんぼんだき）・善五郎（ぜんごろう）の滝・番所大滝（ばんどころおおたき）

乗鞍三滝は、乗鞍高原の北側を流れる小大野川（こおおのがわ）にかかる滝である。

乗鞍三滝の中でもっとも上流にあるのが三本滝で、支流が合流する地点にあり、3本の滝が集まっている。乗鞍三滝の中で唯一、日本の滝百選に選ばれている。落差50～60mほどの滝であるが、それぞれ趣が異なる。

向かって右側の滝は、ゴツゴツとした黒い岩肌の上を何本もの白い筋となって水が流れ落ちている。真ん中の滝はまっすぐ水が流れ落ちており、ほかの滝と異なり岩肌が白くなっている。これは上流にある冷泉（れいせん）小屋の近くで湧いている硫黄泉の成分が表面に沈着したためであろう。左側の滝は名もない小さな沢を水源としているため流量は少ないが、夏は深い緑の中を水がしたたり落ちており、涼やかである。

善五郎の滝は乗鞍高原の中ほどにある落差約20mの滝で立派な滝つぼがある。ふだんは舞い上がる水しぶきがさわやかであるが、増水時には滝の下をえぐるほど強い落水となる。

もっとも下流に位置する番所大滝は落差約40mで、割れ目の目立つ岩壁を豊富な水が一気に流れ落ちる。

溶岩でできた岩壁

大きな滝ができるためには、流れ落ちる水のほかに、垂直に近い高い岩壁が必要である。そのような岩壁は、どのようにできたのだろうか。

乗鞍三滝のかかる岩壁に目をやると、柱のような割れ目や厚さ数センチの板状の割れ目が目立つ。これらの割れ目はそれぞれ柱状節理と板状節理と呼ばれ、溶岩が冷えて固まるときによくできる。つまり、三滝はいずれも溶岩の岩壁を流れ落ちているのである。ちなみに番所大滝と善五郎

1 番所大滝
分厚い番所溶岩の断面が露出しており、展望所からは溶岩内部の柱状節理も見える

2 紅葉の乗鞍高原
畳平北側の魔王岳から撮影。平坦な乗鞍高原の両側に尾根があり、大きな谷の中を番所溶岩が埋め立ててできた地形であることがわかる

3 三本滝
右側と中央の滝は烏帽子溶岩、左側の滝は位ヶ原溶岩の岩壁を流れ落ちている

の滝は番所溶岩、三本滝は烏帽子(えぼし)溶岩と位ヶ原(くらいがはら)溶岩という、乗鞍岳から流出した溶岩にかかる滝である。

滝ができる場所

溶岩は、割れ目が多いが全体としては硬くて侵食されにくい。すると溶岩の縁の部分が侵食されて、谷に囲まれた台地状の高まりをつくることがある。番所溶岩の先端部はこの典型で、番所大滝は台地状の高まりと侵食の進んだ谷の境界に位置する。これに対して、善五郎の滝は番所溶岩の内側にある。番所溶岩の表面にはたくさんの凹凸(おうとつ)があり、侵食によりそれが強調された場所にこの滝はかかっている。三本滝は2つの溶岩の境界が侵食されてできた谷の中に位置している。

このように乗鞍三滝は**溶岩の縁や溶岩表面の凹凸が侵食により強調された段差にかかっている。**〈竹下欣宏〉

45 田立の滝

さまざまな造形美の滝はどのようにしてできたのか

1

日本の滝百選に選定された名瀑

田立の滝は南木曽町のJR田立駅近くから北に向かう坪川（大滝川）の源流域に位置する。螺旋滝、洗心滝、霧ヶ滝、天河滝、そうめん滝、箱滝などの多くの滝を総称して田立の滝と呼んでいる。木曽川から約3・5km北の坪栗駐車場から上の林道に出合うまでの標高差600mの区間に滝巡りの散策道が設けられている。田立の滝を代表する天河滝は入り口から約1時間登った標高1140mにある。滝の下に立つと目前に約40mの高さで白色の花崗岩の幅広い岩壁が迫り、幾筋かの豊富な水が落下しているさまは壮観である。

花崗岩にできた滝

田立の滝付近には、苗木-上松花崗岩と呼ばれる上松町の寝覚の床にも続く岩体がある。黒色で扁平な黒雲母を含んだ粗い粒の花崗岩である。この岩体の延長の岐阜県中津川市蛭川や苗木地区には石切り場があり、「蛭川みかげ」という有名な石材を産出している。田立の滝を登りきった標高1400m以上の頂上は緩傾斜地の高原で、約7000万年前の流紋岩質の溶結凝灰岩を主体とする濃飛流紋岩が広がる。苗木-上松花崗岩は濃飛流紋岩ができたあとに貫入したものである。滝下の花崗岩を見ると、滝の崖と並行や直行する方向に亀裂が多数入っているのが確認できる。これは**花崗岩が冷えて固まるときに収縮してできた節理面で、これに沿って花崗岩が割れて、大きな崖**ができたと推測される。

整備された秘境の滝

田立の滝は険しい山中にあり、江戸時代には尾張藩の御用林となっていて、雨乞い以外には入山を規制されていた。この滝に魅せられた地元

1 螺旋滝
落差約25m。登山道からは約80m降下する

2 天河滝
落差約40mで田立の滝を代表する壮観な滝

3 天河滝の下の花崗岩
節理が見られるが、このような割れ目に沿って巨大な岩壁ができている

4 霧ケ滝
落差約30m。田立の滝はこうした大滝川にかかる滝群の総称である

の宮川勝次郎はまわりから反対されながらも１９０８（明治41）年から登山道開発に着手して、１９１１年には帝室林野管理局の支援も受けて最初の登山道が完成した。その後も何度も改修がおこなわれた。１９７４（昭和49）年には長野県立公園「田立の滝」は、県の名勝に指定された。現在、中央アルプス国定公園、日本の滝百選にも認定されている。

登山道には、木製の桟橋や吊り橋、鉄パイプの階段などが整備されていて、切り立った急斜面を登ることができる。さらに、登山道のところどころに「もみたろう（樅）」「けやきち君（欅）」「さわら大師（椹）」「つがえもん（栂）」など、樹齢３５０年以上の木々にユニークな説明板があり、木曽五木の美林を楽しめる。険しい山中ではあるが、自然を満喫できるコースとなっている。〈中村由克〉

当時の石垣がそのまま残る小諸城址

小諸城（こもろじょう）

小諸城址は小諸駅のすぐ西側にある。古くは武田信玄の築城と伝わるが、現在の城郭は１５９０（天正18）年に入城した仙谷秀久によるものである。その後の火災などにより往時の建物は、懐古園入り口となっている三之門と街中の大手門だけが残り、国の重要文化財である。本丸跡などの広い城内には高く整然と積まれた石垣がそのまま残され壮観である。

城跡は１８８０（明治13）年に旧小諸藩士らが払い下げを受けて保存され、１９２６（大正15）年には本田静六の指導による公園整備が実施された。現在は小諸城址懐古園として公開され、動物園、遊園地、美術館などが併設されている。春の桜や秋の紅葉の時期は大変にぎやかで、近年では外国人旅行者も多い。

千曲川に張り出した台地は、浅間山の第二軽石流がつくったもので、城内各地で白色の軽石の崖が見られる。この軽石流は、浅間山の頂上より少し南の仏岩から約１・３万〜１・１万年前に南西側に流れた2回の火砕流によるもので、御代田町から小諸市街地を広くおおっている。この軽石流は溶けて固まることのない非溶結の状態が大部分なので、崩れやすい性質がある。城内には軽石流を削りこんだ4本の深い谷ができていて、天然の堀切（ほりきり）となっている。さらに、すぐ西側の千曲川との間は標高差約90ｍの壮大な要害を形成している。城址から千曲川を眺めると、藤村の「小諸なる古城のほとり」の詩の一節が思い出され、情緒に富んでいる　〈中村由克〉

浅間山第二軽石流が分布する露頭

第3章

盆地と湿原の絶景

姨捨棚田

46 長野盆地

長野盆地の地下はどうなっているのか

1

盆地にたまった堆積物の量

ＪＲ姨捨駅から見る長野盆地の眺めは、日本三大車窓として有名である。この長野盆地の地下にはどんなものがたまっているのかわかっていなかった。１９６５（昭和40）年からの松代群発地震の原因解明のために、盆地（松代）を横切る地下の構造を明らかにする研究がおこなわれ、砂礫層など盆地に堆積した新しい時代の地層が西側ほど厚いことがわかった。

１９８８年、長野市権堂で温泉掘削のボーリングが７６５ｍまでおこなわれた。大半の堆積物は河川が運んだ砂礫層からなり、間に厚さ10ｍほどの泥層をはさんでいた。砂礫層は７６５ｍよりさらに深部に続くこともわかった。また、権堂の標高が３６５ｍであるから、ボーリング底の標高は海面下４００ｍとなる。

盆地を埋めた堆積物とスピード

盆地を埋めた堆積物は、西側山地からは犀川・裾花川・浅川・鳥居川、河東山地からは夜間瀬川・松川・百々川などが土砂を運び、扇状地を形成した。これらの一部である裾花川扇状地の扇頂部の礫層や松川の扇状地礫層を盆地の縁で見ることができる。いずれの場所も堆積後に隆起した扇状地を河川が再侵食した結果できた大露頭である。一方、盆地内の中野市延徳低地でのボーリングでは、約3万年前に噴出した鹿児島湾の姶良カルデラ起源の火山灰層（ＡＴ火山灰層）がそれぞれ地下28～36ｍの深さで確認され、西寄りの地点ほど深く西側に傾くことがわかった。

屋代遺跡群では地表下６ｍに縄文中期初頭（約５０００年前）の遺構が発見されている。これらから盆地の千曲川沿いでは1万年に10ｍほどの堆積物が堆積したことになる。

1 松川扇状地の礫層
高山大橋下流右岸の崖。松川上流から運ばれた安山岩の礫層で、いずれも土石流の堆積物

2 裾花川の扇状地礫層の崖
里島発電所対岸の裾花川左岸。大部分は裾花川が運んだ土石流や洪水流の堆積物

3 長野盆地南部
中央部を右側から千曲川が流れる。JR姨捨駅からの展望で、中央に平和橋と千曲市屋代の街並み

盆地堆積物のたまり方

長野盆地の堆積物は、どこでも盆地西縁部に近いところほど厚くたまっている。盆地の平坦地と山地との境界は、西側が直線的で東側が入り組んでいる。これは西側の山地との境界にある長野盆地西縁活断層系と呼ぶ活断層の動きによる。この活断層は、20万年前以降活発に動き、「西上がり東落ち」の運動を繰り返してきた。

1847(弘化4)年の善光寺地震は、この断層系の最新活動で、このような活断層の動きが重なり、盆地西縁の地形をつくった。河東山地をつくる岩盤は盆地堆積物の下まで連続し、これらの岩盤は河東山地側で隆起し、盆地西側では沈降する運動をした。このためこの岩盤に重なる**盆地内の堆積物は、西側ほど厚く800mほど堆積**し、初期の盆地面はマイナス400mまで沈降した。〈赤羽貞幸〉

47 姨捨棚田

日本を代表する棚田の地形はどのようにしてできたのか

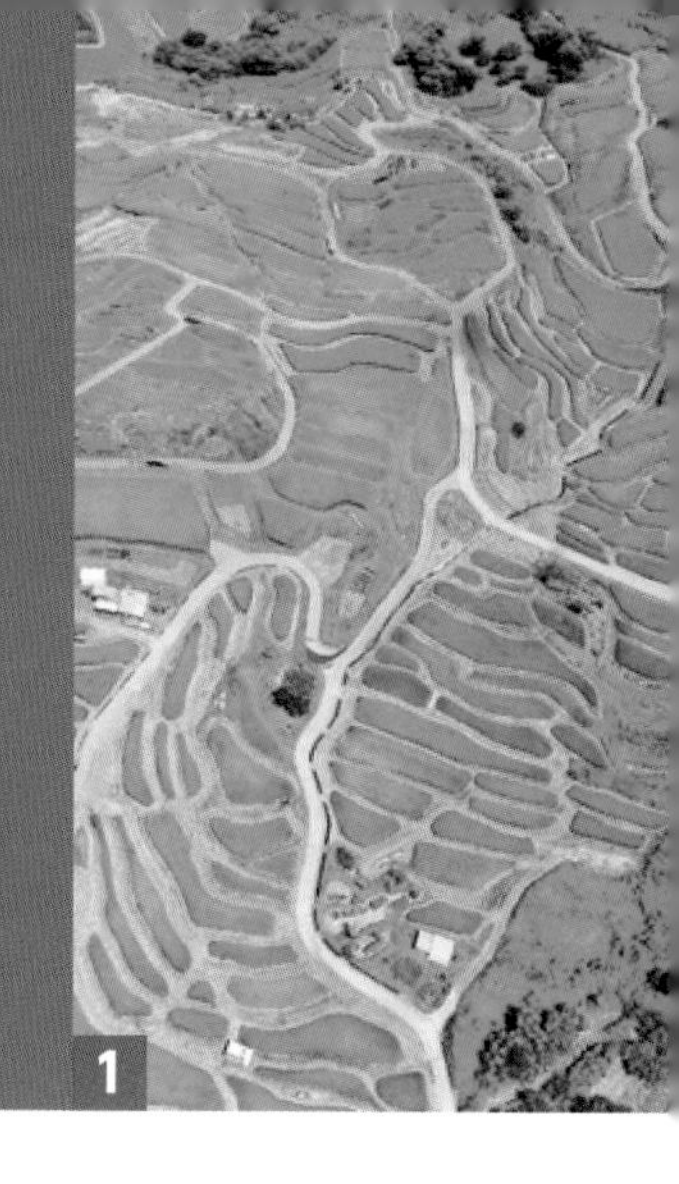
1

姨捨棚田の美しさ

三峯山(1131m)山腹の75ヘクタールに約1500枚の棚田、姨捨棚田がある。姨捨棚田は、「棚田がたくさんあって珍しい」だけでなく、その景観がよいことから訪れる人が多い。遠くの景色をさえぎるものがない山の尾根の上にも棚田が広がっていて、善光寺平の景色が棚田の背景となり、棚田がさらに美しく見える。姨捨棚田は「田毎の月」として江戸時代にはあったとされ、松尾芭蕉や小林一茶、歌川広重などの作品でも知られている。

巨大な地すべりが始まり

姨捨棚田がある地形は、JR姨捨駅から西方3kmにあった古三峯山の北側が大崩壊して発生した2回の巨大な地すべりでできた。まず40万～30万年前に最初の地すべりが起き、さらに10万年前に2回目の地すべりにより大池付近から千曲川方向に土が押し流されてきた。

三峯山は噴出した溶岩が熱い蒸気を浴び続けて粘土に変化する熱性変質により崩れやすくなっており、長野盆地西側の隆起や盆地部の沈降、長野盆地西縁断層の活動などで動かされ、大崩壊したと考えられている。

なぜ尾根の上にも棚田ができる?

雨水は谷底を流れるので、尾根の上に自然の川が流れることはない。だから通常は尾根で稲作はできない。しかし、姨捨棚田には棚田地域の上方に大きな水源があるので、この水源から尾根の上まで水路をつくり、稲作が可能になっている。長い水路をつくるのは、個人の力ではできない。個人の力をまとめ、集団で協力した結果できた景観、絶景といえる。

水田に適した土がなければ、人の努力があっても米はできないが、こ

1 空から見た棚田
人工水路で尾根の上の田にも配水される

2 稲刈り時期の棚田
最奥に長野市街地が見える。2010（平成22）年に国の重要文化的景観に選定されている

3 中学生の田植え体験
「棚田貸します制度」で経験者から教わる。米づくりが続かなければこの絶景は維持できない

4 姨岩
長楽寺境内の高さ20m・直径5mの大きな岩。地すべりの際に棚田の土と一緒にすべり落ちてきた

の地域には米づくりに適した土があった。それを可能にしたのは古三峯山の大崩壊、巨大地すべりである。

巨大地すべりの最上部（地すべり出発地）では地層がむき出しになり、地下水が湧出して、沼地ができていた。現在の棚田の水源となる更級川上流の大池は江戸時代以降に本格的に整備され、この沼地に堤防をつくり、水源の池としたのである。

地すべりの繰り返しによってできた土壌は粘土質のため、おいしい米ができる。通常の山の傾斜地を削って棚田をつくっても、肥料をたくわえることのできる厚い土と、水田に入れるたくさんの水がなければ稲をつくることはできない。


過去2回の巨大地すべりが残した土壌と水源を住民が協力して棚田として開発し、維持してきた結果が、現在の棚田である。　〈塚原弘昭〉

48 塩田平

信州の鎌倉と呼ばれる塩田平が平坦なのには理由がある

1

湖成層がつくる平

上田電鉄別所線の上田駅から別所温泉駅までの地域は、周囲を山に囲まれた盆地で、きわめて平坦な地形が広がり、風光明媚な田園風景が続く。この平は塩田平と呼ばれ、鎌倉時代からの寺院が多く建立されており、信州最古ともいわれる別所温泉もあって多くの観光客に親しまれ、日本遺産にも認定されている。

塩田平周辺は、あまり大きな河川がなく年間降水量の少ない全国有数の寡雨地域であるため、江戸時代から多くのため池がつくられてきた。平坦な地形上に多くのため池が点在して変化のある景観をつくり、ため池百選にも選定されている。

塩田平の周辺には、独鈷山や小牧山などの新第三紀層からなる山地が分布し、その縁辺部には数十万年前の湖に堆積した古期上小湖成層と呼ばれる地層が見られる。この時代の地層は、上田盆地の北にある太郎山の裾野にも点在しており、その分布からかなり大きな湖があったことがうかがえる。塩田平では、古期上小湖成層の上に、その後、湖に堆積した新期上小湖成層と呼ばれる地層が重なっている。この地層の放射性炭素による年代測定は氷河時代の2・8万年前である。

ナウマンゾウ化石が産出

塩田平のほぼ中央部にあたる下本郷地区の新期上小湖成層からナウマンゾウ化石が発見され、氷河時代の地層であることを物語っている。井戸を掘っていて約4mの地下から下あごの第二大臼歯が見つかった。青木村の当郷地籍からは、堰堤工事中にナウマンゾウの上あごの第三大臼歯が見つかっている。このほかヤベオオツノジカ、ヤギシカなどの哺乳

1 前山寺の三重塔
国の重要文化財。塩田平には日本遺産に認定された文化財が数多く点在する

2 塩田平と周辺山地
パノラマラインから望む。塩田平周辺の山地は1500万～500万年前の第三紀層で、平坦部は数十万～2万年前の湖成層でできている

3 舌喰池
塩田平のため池群の1つ。江戸時代から多くのため池がつくられ、地域の農業を支えてきた

4 塩田平から発見されたナウマンゾウ化石

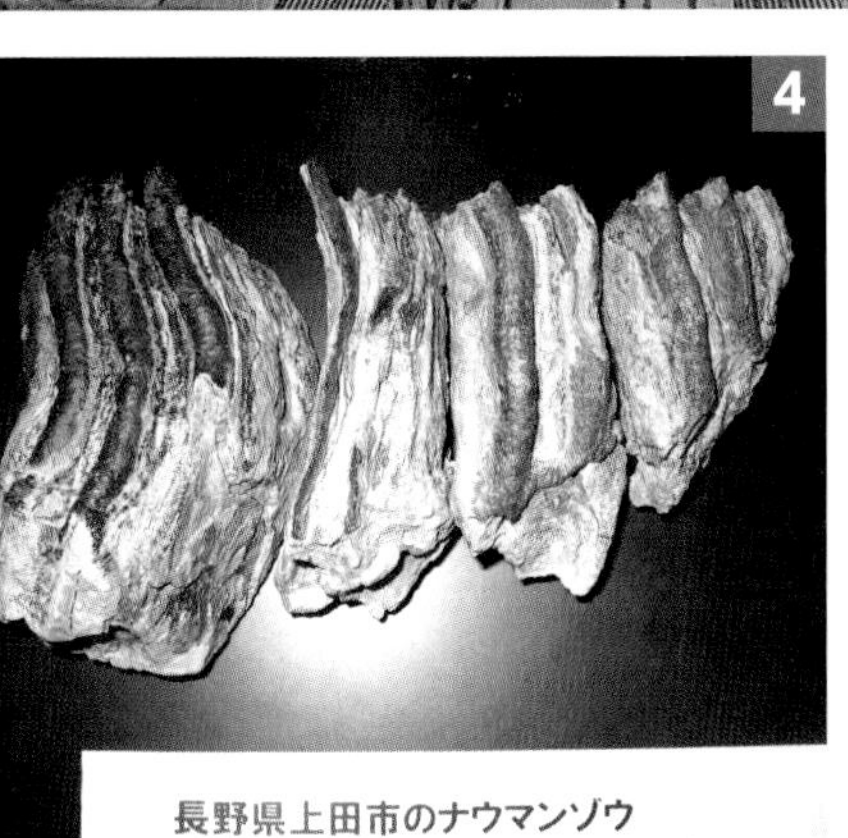

動物の化石が見つかっている。

上田泥流がせき止めた湖

上田城西櫓の下には白っぽい崖が見られるが、これは上田泥流と呼ばれ、大小が混じった角礫と軽石混じりの火山灰から構成される。上田城はこの上田泥流の上に築城されている。上田泥流は、浅間火山の古い山体である黒斑火山が大規模な崩壊により流下してきたものと推定されている。この上田泥流のせき止めでできた湖成層が太郎山南麓や染谷台に見られる。地層の年代は約2・7万年前で新期上小湖成層よりあとに堆積したものである

このように塩田平には**数十万年前から何回も広い範囲で湖が形成され、そこに平らに堆積した湖成層が干上がり、**塩田平がつくられた。そのため平坦な地形となっているのである。

〈近藤洋一〉

49 佐久平（さくだいら）

佐久平付近を走る新幹線の南北に点在する小山の正体はなに？

1

佐久平に点在する小山

北陸新幹線の佐久平駅あたりで水田や住宅地の中に、木々におおわれた小山が点々と散らばる様子が目に入る。小山といっても家よりもずいぶん大きくて、最大で直径100m、高さ十数mに達するものもある。小ぶりの小山は墓地として利用されることが多いようだが、大きな小山には神社や寺が建てられていることもある。そして、これらの点在する小山の背後には、浅間山から烏帽子岳（えぼしだけ）へと続く東西に長いゆったりとした山々を望むことができ、独特の景観をなしている。

ちなみに佐久市にある塚原という地名は、平地の中に点在するこれらの小山を「塚」と呼んだことに由来するらしい。また、小山には赤っぽいゴツゴツした岩が多く見られることから塚原には「赤岩」という交差点やバス停があり、その近くの小山では大きな赤い岩の上にお堂が建てられ、赤岩弁財天がまつられている。

小山をつくる岩石

小山に見られる赤っぽい岩は安山岩で、マグマが地表に噴出して急激に冷え固まることでできた。赤い色はマグマの中に含まれる鉄分が、大気中の酸素と結びついて酸化鉄になったことによる。

塚原の北側に位置する常田地区の小山に造営された飯綱神社の階段や石垣は、全体的に赤みを帯びており、小山にたくさん含まれる安山岩を用いてつくられたことがうかがえる。

小山の正体は流れ山

住宅地や水田が広がる平坦な場所に、どうして噴火でできる安山岩を含む小山があるのだろうか。塚原の近くで噴火といえば、北側にそびえる活火山の浅間山が思い浮かぶ。現

1 赤岩弁天堂
流れ山に含まれる赤っぽい安山岩の大岩の上に建てられている

2 黒斑山の足元に広がる断崖
中央やや左が蛇骨岳。約2.7万年前に黒斑火山が山体崩壊を起こした名残。岩壁にはたくさんの溶岩の積み重なりを示す縞模様(成層構造)が見られる

3 佐久市塚原付近に点在する流山
手前の白矢印で示した小山が、約2.7年前の山体崩壊でできた流山

在の浅間山の山頂部は前掛山(まえかけやま)であるが、その西側には剣ケ峰(けんがみね)、牙山(ぎっぱやま)、トーミの頭、黒斑山(くろふやま)、蛇骨岳(じゃこつだけ)からなる外輪山があり、前掛山を取り囲むように半円形の配列をしている。

それらの山々の足元には高さ300mを超える断崖絶壁が展開し、まるで巨大なスプーンで山をえぐったかのような地形をしている。この地形は今から約2・7万年ほど前、現在の前掛山よりもやや高い富士山型の火山(黒斑火山と呼ばれる)が大崩壊したときにできたと考えられている。そして、**黒斑火山の巨大なブロックが、大量の土砂とともに流れ下り、塚原周辺まで運ばれて小山となった**のである。

こうしてできる小山のことを流れ山という。過去に山体崩壊という信じられないほど大きな山崩れがあったことの証拠である。〈竹下欣宏〉

50 軽井沢高原

一大高原リゾート軽井沢ができた地形の秘密は？

日本屈指の避暑地

浅間山の南東麓に広がる標高900～1200mの高原に軽井沢はある。8月の平均気温が20℃前後という冷涼な気候で、日本屈指の避暑地・観光地となっており、関東からのアクセスもいいので、年間約840万人以上の観光客が訪れている。

1876(明治9)年、カナダ人宣教師A・C・ショーが、カナダに似たさわやかな気候に魅せられたことから、外国人別荘地として発展が始まった。信州と関東を結ぶ交通の要所としても栄えていた軽井沢であるが、多くの外国人が避暑に来るようになり、交通や商店も変化し、観光やスポーツ、商業など多様な高原リゾート地として発展を続けている。その発展に欠かせないポイントが軽井沢の地形と地質にある。

浅間火山の緩斜面と別荘地

別荘地が建設されている旧軽井沢や中軽井沢周辺には、約7万年前の黒斑火山噴火で流れた火砕流や溶岩の上に、1783(天明3)年の大噴火で飛んできた軽石層が厚く積もっている。このときの噴火はすさまじく、死者は1600人にものぼるといわれている。2万年前には、軽井沢駅近くにある離山で溶岩が噴出し溶岩ドームができ、周辺に火砕流を流している。このように軽井沢の別荘地は地下で浅間火山のマグマがいつ活動してもおかしくないところにある。

一方で、浅間火山の噴出物でおおわれた地域は、山間地としてはゆるやかな斜面がつくられたことにより、別荘地が開発しやすかったという利点もある。そのため多くの別荘やホテルが建設されるようになっ

1 約100年前の軽井沢周辺の地形図
避暑地として始まるのは1886（明治19）年で、大正時代には旧軽井沢中心だった別荘地が南の湿地帯に広がっていった。5万分の1地形図「軽井沢」「御代田」（大正元年測図・出典：国土地理院）

2 湿地に残る塩沢池
南軽井沢はかつて湖だった

3 ゴルフ場
平坦な地形を利用している

4 軽井沢別荘地の石畳
ハッピーバレー（幸福の谷）と呼ばれる別荘地にある軽井沢唯一の石畳

た。足を延ばせば白糸の滝など浅間火山のつくる雄大な自然を満喫できる景勝地が周辺地域に多くあることも魅力となり、観光地としても発展してきた。浅間火山は災害ももたらすが、恩恵も大きいのである。

南軽井沢は大きな湖だった

約2・7万年前に黒斑火山の大崩壊が起こり、そのときに生じた泥流で湯川がせき止められて南軽井沢や塩沢周辺には広い湖ができた。この湖に堆積した地層が南軽井沢湖成層である。その後、湖は干上がって広い平坦地となり、湿地の排水などをすることでゴルフ場やスポーツ施設などに利用されるようになった。

このように軽井沢は**浅間火山のつくった地形をうまく活用し、自然改変をおこなうことで利用価値を高め、一大高原リゾート地域として発展した。**

〈近藤洋一〉

51 鷹狩山(たかがりやま)

北アルプスを望む絶好の展望地はどのようにしてできたのか

1

展望台からの北アルプス

大町山岳博物館から東へ続く山道を登った先にある小山が鷹狩山(1167m)で、山頂からは北アルプスや松本盆地の北部を一望することができる。山頂から望む朝日に照らされる北アルプスの山々も荘厳だが、街に明かりがともり、空が夕焼けに染まる時間帯も美しい。このロケーションが、ロマンチックなスポットとして認知され、「恋人の聖地」に選定された。

南北方向に続く尾根

鷹狩山の南北には霊松寺山(れいしょうじやま)(1129m)と南鷹狩山(1147m)が並び、さらに南鷹狩山の南側には標高900〜1000mほどの尾根がほぼ南北に連続する。このような直線的な地形が形成された背景には、鷹狩山の東西にある2本の断層が関係している。鷹狩山の西側、すなわち松本盆地と鷹狩山を含む尾根の境界には、本州を東西に分断する糸魚川―静岡構造線が通っている。そして鷹狩山の東側には小谷―中山断層が南北に走る。この2本の断層にはさまれた一帯が隆起し、南北に伸びる尾根状の地形が形成された。池田町の大峰付近がもっとも典型的な地形をしているので、鷹狩山を含んだ細長い尾根状の地域は大峰帯と呼ばれる。

鷹狩山はどうして眺めがいいのか

眺めのいい尾根や山ができるためには隆起だけでは足りない。もう1つの条件が必要で、侵食に対する抵抗力、言い換えれば硬さである。いくら大きく隆起しても、隆起した分だけ削られてしまったのでは、いつまで経っても高くはならない。

大峰帯には北アルプスから運び出された扇状地の砂利が厚くたまっているが、それらを最大で厚さ300mに

1 鷹狩山山頂の展望台
無料で利用できる。ガラス張りの展望室もあるが、屋上からの眺めは格別

2 朝日に輝く北アルプスと松本平
鷹狩山と北アルプスの間には松本平があり、適度に離れているため南北に長い北アルプスが一望できる

3 山頂からの夜景
夜景も美しい

4 大町市街地から望む鷹狩山
左から霊松寺山、鷹狩山、南鷹狩山。同じ溶結凝灰岩でできているので高さもそろっている

達する分厚い溶結凝灰岩（ようけつぎょうかいがん）がおおっている。溶結凝灰岩とは、軽石など高温のマグマの破片が火山ガスとともに流れ下る火砕流の堆積物が冷え固まってできる堅固な岩石である。

2本の断層にはさまれて隆起した鷹狩山一帯は、**侵食に抵抗力をもつ厚い溶結凝灰岩におおわれているため、周囲より高い尾根状の地形となったことにより眺めがいい**のである。

ちなみに大峰帯の砂利をおおう厚い溶結凝灰岩は、約165万年前に北アルプスの爺ヶ岳（じいがたけ）付近から噴出したものらしい。今では影も形もないが、遠い昔に爺ヶ岳付近には巨大な火砕流を噴出したカルデラ火山が存在したのだ。そして当時の大峰帯は、現在のような尾根状の地形ではなく、北アルプスから日本海へと続く広大な扇状地の一部だったと考えられている。

〈竹下欣宏〉

52 松本盆地

松本盆地の南北に長い複雑な地形はどうして誕生したのか

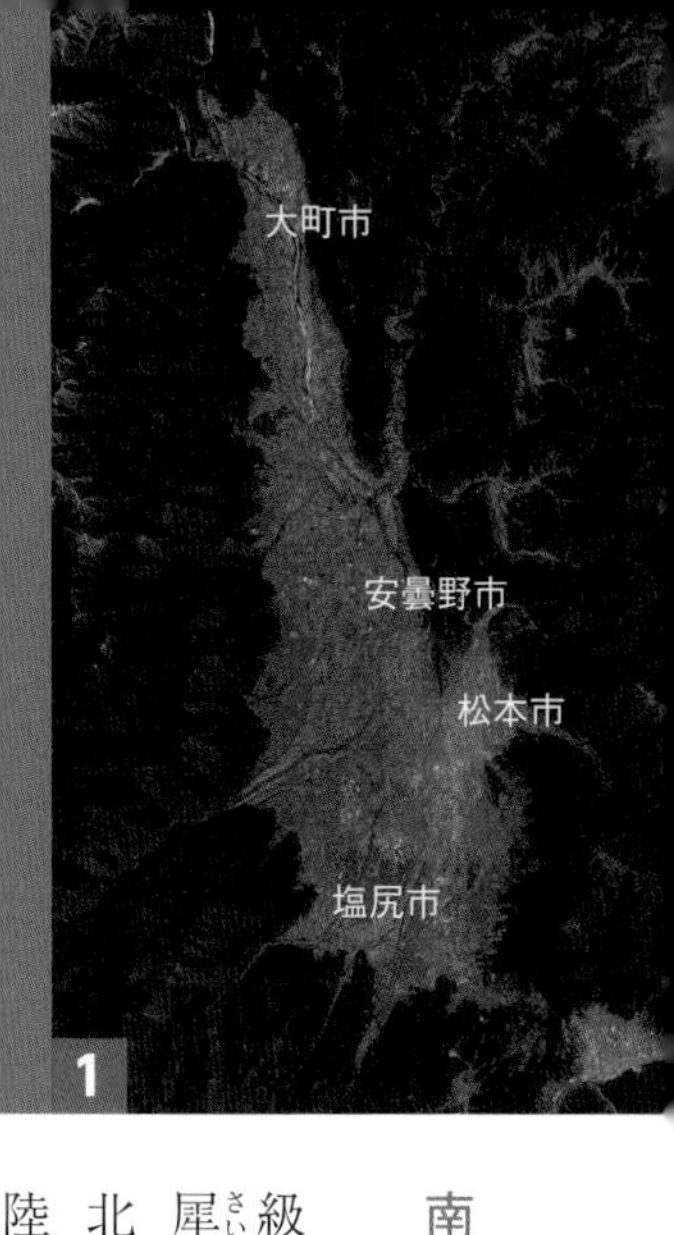

南北に長い盆地

松本盆地は、西側の3000m級の北アルプス、東側の大峰高原・犀川丘陵や筑摩山地に囲まれる。南北約50km、東西約10kmの大きさの内陸盆地で、標高500mから800mの平坦な地形で、中央部は安曇野と呼ばれている。

また、松本盆地に流れこむ川の水は安曇野市明科に集まり、そこから犀川沿いの山地の中を深い谷を刻みながら長野盆地へ流れていく。盆地内には大町市・安曇野市・松本市、塩尻市などの市街地が広がる。

東西で異なる盆地の縁

松本盆地は南北に長く、盆地と山地の境界は、西側と東側とで地形的に大きな違いがある。盆地の西側には、北アルプスから流れこむ梓川や高瀬川・中房川・乳川・烏川・鎖川がつくる扇状地があり、それらが組み合わさった複合扇状地となっている。盆地南部には木曽方面から流れこむ奈良井川が大きな扇状地をつくり、河岸段丘が見られる。これに対し盆地東側での盆地面と山地との境は、ほぼ直線的な境界線となっている。

盆地周辺の山地

盆地の東縁の地下には、糸魚川―静岡構造線（糸静線）が走り、現在この断層線から派生し地表に現われた松本盆地東縁断層群が、大町から松本にかけて確認されている。盆地内には厚さ400m前後の砂礫層がたまっていると推定されている。

盆地の西側の北アルプス地域は、中生代の堆積岩や新生代の花崗岩類からできているのに対し、盆地東側の山地は、フォッサマグナの海にたまった新生代の堆積岩からできている。このように南北に延びる糸静線を境に東西の山地をつくる岩石が大

1 南北に長い松本盆地
北は大町市から南は塩尻市まで南北約50㎞におよぶ盆地（国土地理院電子地形図を加工して作成）

2 松本盆地北部
長峰山展望台から撮影。盆地の西側は大規模な扇状地となり、中生代の堆積岩や新生代の花崗岩類からなる

3 松本盆地中部
安曇野市三郷から東側の山地を望む

4 松本盆地南部
塩尻市片丘上空から朝日村方面を展望（撮影：赤羽貞幸）

きく異なっている。

盆地を形成した構造線

250万年前以降、この糸静線を境に西側の北アルプスの隆起が著しくなり、山地を形成していった。東側山地の地域は約300万年前までは海が広がっていた。その後、約100万年前ころから大きな地殻変動の時代を迎え、北アルプス地域はさらに隆起し標高を高め、東側地域の海は長野県北部から新潟県のほうへしりぞいていった。70万年前ころになると糸静線が再び活動を始め、盆地部の沈降が始まった。この糸静線に沿った南北方面の活断層による運動は断続的に現在まで続いている。

こうして**松本盆地東縁を走る南北方向の糸静線を境に、東側山地が隆起し、盆地側が沈降する運動が継続した結果、南北に長い盆地が形成された。**

〈田辺智隆〉

53 伊那谷(いなだに)の段丘(だんきゅう)

発達する段丘からわかる伊那谷の成り立ちとは？

1

段丘の発達する伊那谷

伊那谷は、中央アルプスと南アルプスにはさまれ、長さ70㎞、幅3～15㎞と南北に細長い形をしている。谷底には天竜川が南流し、河岸段丘が発達する。河岸段丘は文字どおり、川に沿う階段状の地形で、平らの面を段丘面、段差のある部分を段丘崖(だんきゅうがい)と呼ぶ。段丘面には田畑や住宅地、市街地が広がるのに対して、段丘崖には雑木林などが連続し段丘を縁どっている。

駒ヶ根市や飯島町付近には、田切(たぎり)と呼ばれる地名がいくつもある。段丘面を深く削ってできる地形が田切地形で、太田切川・中田切川・与田切川などは、段丘面を削りこんで流れている。ＪＲ飯田線の路線を見ると、山側に大きくU字型に屈曲している区間があることに気づく。深い田切の谷を横切るために、大きく回りこんで走っており、地形の特徴を表わしている。田切地形も段丘地形と関連する地形である。

段丘を構成する礫層(れきそう)

伊那谷の段丘は分布する高度により、高位段丘、中位段丘、低位段丘に区分される。段丘面が形成された時期は高位のものほど古い。天竜川右岸に広く発達する段丘群の深く削られた場所では礫層が観察でき、厚いところでは１００ｍを超える。礫層には火山灰がはさまれていることもあり、火山灰層によって礫層が堆積した時代を推定できる。伊那谷の段丘が形成されたのは、70万年前ごろから始まる中期更新世からである。

また、礫層に含まれる礫の組成を見ると、中央アルプスを構成する岩石が多い。70万年ほど前から中央アルプスは、急激に上昇し高山となっていった。それにともない山地を流

1 段丘の礫層
飯島町与田切川沿いの田切礫層の露頭。中央アルプスからの礫が多い

2 断層がつくった段丘崖
八幡原面を望む。市街地の奥に続く林が念通寺断層の断丘崖

3 陣馬形山から見た段丘面と田切地形
段丘面を中央アルプスからの川が侵食して田切地形をつくる（撮影：竹下欣宏）

れる河川は、ふもとに大規模な扇状地をつくり、大量の土砂を堆積した。

動く台地が段丘をつくった

山地の隆起にともない天竜川も川底の侵食を増し、谷が深くなっていく。一方、扇状地面も隆起するので、支流の下刻も進み、扇状地面は段丘化していった。また、山地の隆起は山麓での断層の形成をともなっており、扇状地には断層のずれによってできた断層崖も数段認められている。このことから**隆起にともなう断層運動や河川による侵食の繰り返しにより、階段状に何段もの段丘がつくられていったことがわかる。**このような大地の運動は現在も継続している。

段丘上では水を得にくい一方、水はけがよい。このような段丘の特性を生かして、果樹栽培が盛んにおこなわれている。

〈花岡邦明〉

54 苗場山湿原

苗場山山頂の広大な高層湿原はどのようにしてできたのか

1

圧巻の山頂湿原

長野県北部、新潟県との県境に苗場山（2145m）がある。その山頂付近には、約700ヘクタールにおよぶ広大な高層湿原が存在する。苗場山の山頂には、栄村小赤沢の登山口から徒歩3～4時間で登頂できる。長く急な登山道を登った先に一気に開ける湿原は圧巻である。

日本列島の本州の山地にある湿原の大部分は、脊梁山地（分水嶺となる山）の上に集中する。しかも、それらのほとんどは比較的新しい時代にできた火山地の中にある。火山地に湿原が集中するのは偶然ではない。火山噴出物が平坦地を出現させたり、川のせき止めを起こしたりし、噴火が何層もの透水性の異なる地層を堆積させることも多い。それらが、湿原を生み出しやすい環境をつくる。

苗場山と山頂湿原

苗場山は今から約30万年前に活動した成層火山である。噴火当時の火口は残っていないが、山頂付近には火山活動の終わりごろに流出した最上部溶岩層がある。その溶岩層の上部が平坦で、水はけのよくない台地状の地形をつくっている。山頂湿原には約3000か所もの池塘という大小さまざまな天然の池がある。それらはまるで、神がつくった田んぼ（苗場）のように見える。また、苗場山は日本海に近い長野と新潟の県境付近にあり、国内有数の豪雪地帯でもある。冬は深い雪におおわれて、初夏になっても山頂付近には雪が残る。

山頂湿原のでき方

寒冷で湿潤な環境の下では、枯死した植物の分解が進まず、泥炭層ができる。泥炭の上には貧栄養の環境でも生育できる植生が発達し、やがてそこが高層湿原となる。現在の湿

1 湿原内の池塘
大小約3000か所の池塘が分布している。天然の池であるが、まるで田んぼのように見えるため、苗場という山名の由来になった

2 山頂湿原
登山道から広大な湿原を一望することができる

3 長野県側からの登山道の上部
この急坂を登りきった先に圧巻の湿原が広がる

4 湿原の保護
これ以上荒廃させないための木道整備と湿原植生の復元活動が続けられている

原には約80㎝の厚さの泥炭層が堆積し、最下層の泥炭の年代から、湿原の形成は約7000年前以降と推定される。苗場山の山頂湿原は、**苗場火山の溶岩流がもたらした山頂付近の平坦地形と、多雪による湿潤環境によってできた**ものである。

湿原という壊れやすい自然

軟らかい泥炭層は人に踏みつけられるだけでも容易に変形し、それが侵食のきっかけになる。一度侵食が始まると、水流の力で溝が次第に拡大し、やがて湿原そのものが消えていく。苗場山では、登山者の増加による湿原の荒廃が問題となり、荒廃を食い止めるための登山道の整備や植生復元が進められている。ワタスゲが涼風に白い穂を揺らす光景はさながら天上の楽園であるが、人が配慮を欠くと壊れてしまうもろい自然でもある。

〈富樫　均〉

55 栂池自然園（つがいけしぜんえん）

雲上の楽園 栂池自然園はどのような場所にできたのか

1

北アルプス山麓の栂池自然園

栂池は、北アルプス北部の白馬岳（しろうまだけ）（２９３２ｍ）の北東から小蓮華山（これんげさん）（２７６６ｍ）へと続く稜線の東麓にある。自然園の入り口は標高約１８５０ｍ、最奥部は標高約２０００ｍとなり、園内の地形は起伏に富む。園内には斜面をはさんで上下二段の広い平坦地があり、平坦地や凹地（くぼち）には湿原が発達する。

日本列島の本州中部から東北地方の山地湿原は火山地に形成される例が多い。ところが、栂池自然園の周辺の地質は、おもに古生代二畳紀（２億９８９０万〜２億５１９０万年前）の砂岩泥岩層で、本来は湿原を形成しやすい地質ではない。

大規模な地すべり跡と多雪

近年、日本アルプスのあちこちで、大規模な崩壊や地すべりの痕跡が知られるようになってきた。日本アルプスは急激な隆起と侵食を受け、多様な地質と亀裂の多い岩盤からなる。そのため、なんらかのきっかけで斜面が不安定化し大崩壊を起こすことがある。

最近の研究により、栂池自然園が大規模な地すべり地の中にあることが明らかになった。斜面や平坦面、低い崖や小さな凹地などの変化に富む地形は、地すべりによってできた。さらにここが高所で、多雪の影響を受け、寒冷かつ湿潤であったために湿原も形成された。基盤の地質をおおう崩積土や周辺地形の調査から、地すべりの発生時期は十数万〜数万年前にさかのぼるとされる。

多種多様な環境が魅力

一般的に湿原は、低層湿原、中間湿原、高層湿原に分類される。それを規定するおもな外的要因は、湿原が周囲の地下水面よりも高いか低い

1 栂池自然園
起伏に富む複雑な地形が広がる

2 早春４月の自然園
白馬岳を望む自然園は1970（昭和45）年に長野県で4番目の自然園として整備され、1987年に現在の範囲の自然園となった

3 湿原を通る木道
園内には1周約5.5㎞の木道が整備されており、美しい自然と雄大な景色が楽しめる。左が杓子岳、右が白馬岳（撮影：赤羽貞幸）

4 湿原の中の池塘
池塘の右端は浮島（撮影：赤羽貞幸）

かである。地下水位より湿原が低い場合は、地下の土壌を通過した栄養分の多い水が供給されるので、ヨシなどが繁茂する低層湿原ができる。

一方、湿原が地下水位よりも高い場合は、雨水や霧などの貧栄養の水が供給され、ミズゴケなどが発達する高層湿原となる。両者の中間的な特徴をもつのが中間湿原である。栂池自然園は起伏と変化に富む地形を反映し、場所によって低層から高層までのさまざまな湿原が発達する。

広い園内は森と湿原が入り交じり、亜高山帯の山地斜面には針葉樹や広葉樹の森があるなど、多様な地形と植生が見られる。一方で、冬季は深い雪と静寂に包まれる。北アルプスのふもとに広がる変化に富む栂池自然園の自然は、**過去に起こった巨大な地すべりがもたらしたもの**である。

〈富樫　均〉

56 八島ヶ原湿原（やしまがはらしつげん）

日本最南の大高層湿原はいつ誕生したのか

1

高原上の広大な高層湿原

霧ヶ峰（きりがみね）高原は、大草原と咲き乱れる花々が魅力の観光地である。八島ヶ原は、その霧ヶ峰高原の一角にある。広さ約43ヘクタールの高層湿原で、近くにある車山湿原や踊場（おどりば）湿原とともに「霧ヶ峰湿原植物群落」として、国の天然記念物に指定されている。

湿原が広すぎるため、近くからではその全体を眺めることができない。湿原の北西側にある鷲ヶ峰（わしがみね）（1798m）に登る途中の尾根からは全景を望むことができ、遠景には八ヶ岳連峰が見える。この湿原はいつごろ誕生したものだろうか。

厚さ8mを超える泥炭層（でいたんそう）

八島ヶ原は、標高約1600mの高所にあり、霧ヶ峰火山がつくったゆるやかな凹地（くぼち）上に位置する。ここは水はけが悪く、冷涼な環境の下で、枯死した植物の分解が進まない。そのため、植物遺体が泥炭となって次々に堆積し、やがてドーム状の微高地を形成した。湿原の周囲を巡る木道上から現在の湿原を観察すると、湿原内に2つの大きなドーム状の高まりがあることがわかる。ドーム上に供給される水は雨や霧などのきわめて栄養分の少ない水に限られるため、ミズゴケなどが生育する高層湿原が形成された。

泥炭中に含まれる火山灰や花粉化石などから過去の環境を調べた研究によると、湿原には8mを超える泥炭層が堆積し、湿原形成の初期は比較的栄養分の多い環境にある低層湿原であったが、やがて貧栄養の高層湿原に移り変わったと考えられる。

八島ヶ原は、その規模の大きさ、湿原のドーム状の形態、特徴的な植物群落の成立から、典型的な高層湿原とされている。この泥炭の形成開始は湿原の始まりを意味する。

1 ニッコウキスゲの花
かつては、湿原をとりまく霧ヶ峰高原の上に大群落をつくって咲き乱れた

2 八島ヶ原の全景
鷲ヶ峰から望む。中央に見える平らな部分が八島ヶ原で、左手遠くに見える山々が八ヶ岳連峰

3 八島ヶ原湿原と車山
湿原背後の中央右寄りにあるなだらかな山が車山。360度の眺望にすぐれた山頂には、気象庁の気象レーダー観測所がある

4 旧御射山社
諏訪大社下社の奥宮。湿原の南東に隣接する

最下層の泥炭の年代測定をした結果、八島ヶ原湿原は約1万2000年前に生まれたことがわかった。

古代からの聖地

八島ヶ原は山の上の大平原というだけでなく、諏訪湖に注ぐ主要な川の1つ、砥川（とがわ）の源流域でもある。そのため、ここは古代から特別の聖地とされてきた。現在の八島ヶ原の南東に旧御射山社（もとみさやましゃ）がある。諏訪湖畔にある諏訪大社下社の奥宮にあたり、鎌倉時代には、ここに関東一円の武士団などが集結し、盛大な神事が執りおこなわれた。

長い歴史をもつ湿原と高原であるが、近年増え続けるニホンジカにニッコウキスゲの花芽などを食べられてしまう問題が深刻である。シカの食害を少しでも防ごうと、湿原の周囲や遊歩道にはシカ除けの柵が設置されている。

〈富樫　均〉

松本城（まつもとじょう）

松本城天守

北アルプスを背景にそびえ立つ五重6階の松本城天守は、国宝に指定されている。堀に映るその姿は美しく、岳都松本のシンボルともなっている。

かつては深志城という信濃守護職小笠原氏の城であった。1590（天正18）年、徳川家康の下から出奔して豊臣秀吉についた石川数正が入城し、現在の城が整備されるようになった。

石川数正の息子康長が1593（文禄2）年から翌年にかけて築いたのが天守である。天守の周囲（本丸）は石垣が周囲を囲み、その外側に内堀がある。そして、二の丸の外側は外堀、三の丸の周囲は惣堀と、三重の水堀に囲まれているのが大きな特徴である。

信州にある城の多くは、山地や河岸段丘など自然地形の高低差を生かした城である。しかし、安土桃山時代に城郭整備に着手した松本城は、安土城や大坂城などを参考に、交通の要衝に城下町を拡充することを意図したもの。

また、鉄砲の普及もあって平地に築かれ、石垣が積まれた上に大きな天守がつくられた。さらに周囲を水堀で囲むことで、防御力を高めている。こうした松本城の特徴は、山国でありながら水の豊かな地であることも関係している。

松本盆地は断層によって沈みこんだ場所で、周囲から運びこまれた砂礫層が扇状地を形成している。松本城は東側や南側を流れる女鳥羽川や薄川がつくる複合扇状地の末端にあり、その扇状地の砂礫層を通って、周囲の山から地下水も集まっている。そのため松本市内には湧水が多く、その豊かな水を生かして、三重の水堀を築いたのである。

〈田辺智隆〉

源智の井戸

第4章

温泉と名勝の絶景

拾ヶ堰（撮影・赤羽貞幸）

57 切明温泉

魚野川の河床から なぜ温泉が 湧き出るのか？

河床から温泉が湧く

魚野川と雑魚川の合流地点から180mほど上流の魚野川河床では、川底から50℃前後の温泉が湧き出している。河原の砂礫を掘ると湯のたまりができ、誰でも自由に湯だまりをつくり、河川の水で湯加減を調節して、入湯や足湯を楽しむことができる。

栄村にある秋山郷の小赤沢は、鎌倉時代末期の古文書に地名として登場する。当時の栄村から野沢温泉村一帯は、市河氏の領地であった。江戸時代の切明は、箕作村（現栄村）の一部とされ湯本と呼ばれていた。切明の地名は明治以降の呼び名である。1790年代（寛政時代）の湯本には、箕作村の名主が来客用の施設をつくり、湯守と呼ぶ管理人を置き、夏を中心に地元の客がきて滞在していたという。

魚野川渓谷と雑魚川渓谷

1828（文政11）年の秋、越後塩沢の町人の鈴木牧之は、秋山を訪ね、山村の人びとの生活を詳細に観察し『秋山記行』を出版した。このとき鈴木牧之は湯本を訪れ、このあたりで狩猟やイワナ釣りをしていた秋田マタギの話を聞くため、湯本の宿に滞在したという。今でも切明から上流の魚野川と雑魚川の渓谷は、滝や淵が多く廊下状の川底となり、川沿いの遡行は困難である。野反湖から流れる魚野川の渓谷では、1955（昭和30）年に東京電力の切明発電所の渋沢ダム開発工事が始まった。そのときの軌道跡が、切明から渋沢ダムの取水口まで残され、現在唯一の歩道となっている。雑魚川渓谷でも、雑魚川取水口から切明発電所までの軌道跡が歩道に利用されている。

なぜ川底から温泉が

1 湯だまりに浮かぶ波紋
河床から湧き出る温泉ガスが砂礫のすき間から上昇し、湯だまりの水面に波紋をつくる

2 河床の足湯
観光客は河原の巨礫に腰掛け、湧き出す温泉で足湯を楽しむ

3 河床の湯だまり
湧き出す温泉は泉温が高いので湯気が上がっている

4 魚野川（左）と雑魚川（右）合流地点
左の橋を渡った上流に河床の温泉がある

切明温泉では現在3軒の施設が営業している。源泉は右岸の段丘崖下を1972年に80mほどボーリングし、泉温55℃の高温泉を得た。温泉の泉質は、カルシウム・ナトリウム・塩化物・硫酸塩温泉で、透明な温泉である。ボーリング地点付近には閃緑岩が北西─南東方向に分布し、この岩体が温泉の熱源となっている。

この閃緑岩は、およそ1600万年前に堆積した緑色凝灰岩や黒色頁岩に貫入した深成岩である。この深成岩は、谷川から志賀高原・菅平へ断続的に分布する同時期の岩石で、各地の温泉の熱源となっている。

河原から湯が湧出するしくみは、マグマからできた深成岩の一部に地下深部から高熱の供給があり、ここで**上流河床から浸みこんだ河川の水が温められ、川底付近で湧き出している**と考えられている。〈赤羽貞幸〉

58 地獄谷噴泉

地獄谷の噴泉はどのようなしくみで噴出しているのか

1

江戸時代からある噴泉

長野県の北部、山ノ内町の渋温泉街から横湯川沿いに2kmほど上流にいった標高約800mのところに地獄谷噴泉がある。最近では温泉に入るサル〝スノーモンキー〟として世界的に有名になった地獄谷野猿公苑の近くにあり、噴き上げると20mにもなる噴泉である。

地獄谷温泉は江戸末期に開かれた温泉で、明治期には、鬼地獄・油地獄・小便地獄などと称された噴泉もあったが、上林に温泉を引くようになってから噴泉の数が減っていき、現在残っているのは1つだけになったという。1927(昭和2)年に「渋の地獄谷噴泉」として国の天然記念物に指定された。

石英閃緑岩体が噴泉の熱源

この地域の地下数十mには、火山岩のほか石英閃緑岩・閃緑斑岩といった貫入岩がボーリング調査で確認されている。石英閃緑岩は深成岩の一種で、マグマが地下深部で固結したもので、白色～灰色を呈している酸性火成岩である。

1953年ごろから掘削による開発が進められた。湯田中・安代・星川温泉の泉温は96℃以上ある、熱水と水蒸気が混合して噴出する沸騰泉である。掘削源泉の増加で自然湧出泉は次第に減少していった。源泉の泉質はナトリウム・カルシウム―塩化物・硫酸塩泉。温泉は無色透明で、かすかに硫化水素臭を有する。浴槽内には白色の温泉華が沈殿することが多い。したがって、この噴泉も定期的に清掃するなどして管理されている。

噴泉のメカニズム

温泉が自然に湧出するとき、噴水のように噴き出ているような源泉を

1 地獄谷の噴泉
噴き上がると20mにもおよぶ。かつてはいくつもの噴泉があったが、現在はここ１つだけになっている。

2 地獄谷噴泉の碑
1927年に天然記念物に指定され、立派な碑が立てられている。

3 地獄谷野猿公苑
温泉に入るサル、スノーモンキーとして世界的に有名になり、外国人の観光客でにぎわっている

噴泉という。噴泉のうち一定時間の間隔をおいて噴出する噴泉を間欠泉というが、地獄谷の場合はほとんど間隔なく噴出している。横湯川の上流河床から浸透した水が地下の熱源岩体と接し、地下にたくわえられたあと、割れ目から間欠的に噴出しているのである。

噴出泉は温泉水とともに温泉ガスも噴出しているが、そのほとんどは二酸化炭素（CO_2）である。温泉水に溶けこんだ温泉ガスが温泉水とともに上昇してくるにしたがい圧が減少し、ガスは気泡として成長する。ガス成分が多ければ噴泉となるので、ガスの発泡が噴騰（ふんとう）を引き起こしていると考えられている。

地獄谷噴泉は、**温泉水の温度が高いのでガスの発泡が起こりやすく、噴泉の好条件がそろっているため噴出を続けているといえよう。**〈近藤洋一〉

59 松代温泉（まつしろおんせん）

独特な成分の松代温泉が自噴している原動力はなに？

1

地震活動とともに活発に湧出

1965（昭和40）年8月に長野市松代町で突然始まった松代群発地震は、約2年間にわたり非常に活発で国内最大規模の群発地震となった。

この地域では、温泉の自然湧出が鎌倉時代から知られていた。温泉水の湧出量が、群発地震の開始とともに増えた。写真1は、その当時の松代加賀井温泉一陽館（いちようかん）一号源泉の、噴湯時の様子である。また、付近の水田など、あちこちから温泉水が湧き出てきた（写真2）。

一陽館館主の春日功氏は、時間あたりの湯の湧き出し量を測定し、地震発生との密接な関係を明らかにした。その後の研究者による研究の結果、温泉水をつくっている水素と酸素の重さが、通常の水（雨水や地下水）と比べて平均して重いことなどがわかり、数十万年前に活発だった地下深部のマグマから放出された熱水が、現在、地下水に混じって温泉になっていると明らかにされた。

この熱水が地下深部で、岩石の亀裂中を満たしたとき、岩石が弱くなり地震が次々と起きてしまったのだ、と解明された。

自噴の原動力はなにか

松代地域では現在、温泉はすべて自噴している。深部で温泉水に溶けていた炭酸ガスが、浅いところで水圧が下がるために気泡となり上昇する。その上昇流に引きずられて、温泉水の上方への流れができている。

この温水を、屋内で温泉として利用するには、多量に含まれている炭酸ガスを屋外で放散しておかないと浴室が酸欠状態になってしまう。そのため松代温泉では、ガス抜き塔で炭酸ガスを抜いてから、浴室へ配湯している。

1 温水噴出
加賀井温泉の噴湯（「気象庁松代群発地震50年特設サイト」より）

2 水田の中に現われた温泉
泉質は含鉄・ナトリウム・カルシウム塩化物泉で、茶褐色のにごり湯となっている。戦国武将の武田信玄が愛用した「信玄の隠し湯」ともいわれている

3 ガス抜き塔
炭酸ガスを放散している（提供：松代荘）

4 球状石灰石
半分割された石灰石（提供：松代荘）

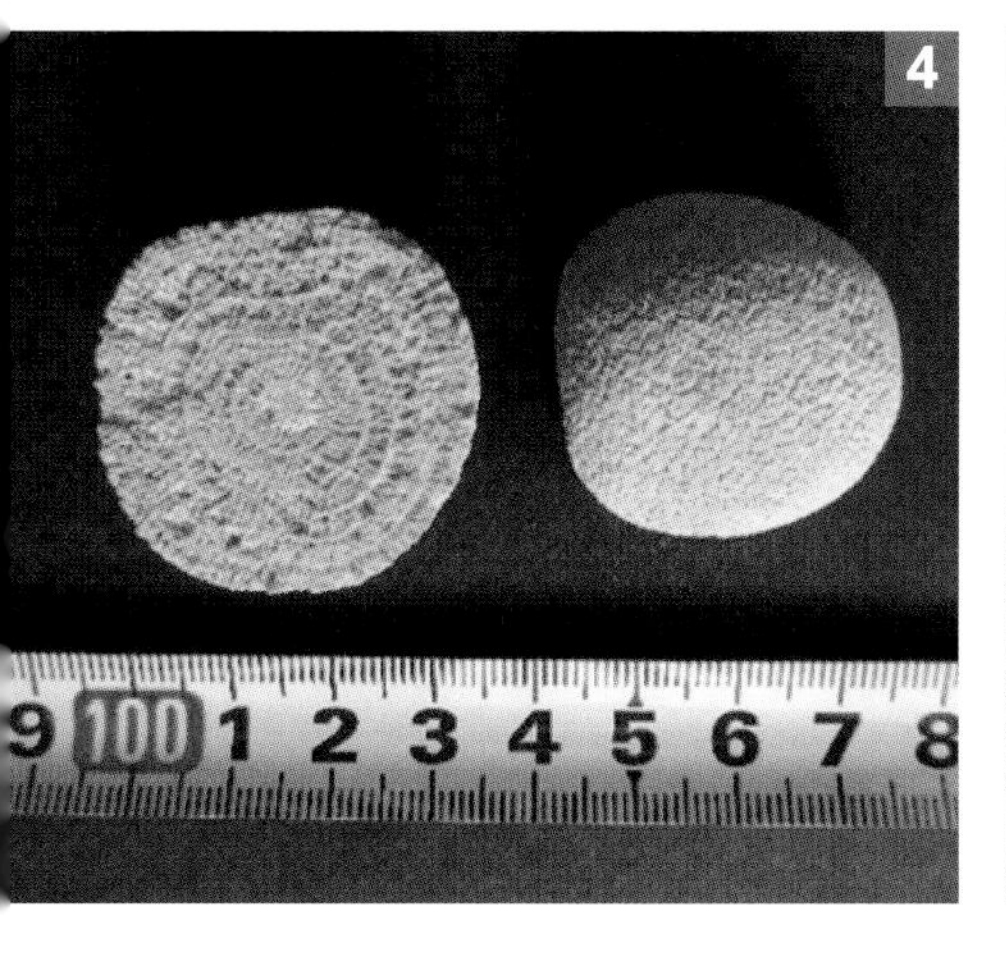

球状石灰石の出現

ガス抜き塔の中には、球状石灰石が多数できている。自然の中でできれば天然記念物（Ｐ１３４白骨温泉参照）になるところである。空気中で炭酸ガスが抜けると、溶けていた炭酸カルシウムが温泉水中で固体となり沈殿する。次第に成長して大きくなり球状石灰石になる。ガス抜き塔が白骨温泉の噴湯丘（ふんとうきゅう）の役を担って、球状石灰石成長の揺りかごとなっている。石灰岩は鉄分が多いため、白色でなく黄色になっている。

松代温泉は、黄金の湯ともいわれる。これは鉄分が含まれた無色透明な温泉が空気中の酸素に反応して黄金色に変化するためで、温泉水は酸素のない地下深部起源であることを示している。また、**炭酸ガスを含んでいるからガスの気泡上昇にともなって自噴している。**〈塚原弘昭〉

60 白骨温泉（しらほねおんせん）

白骨温泉の神秘的な乳白色のお湯の正体とは？

1

乗鞍岳（のりくらだけ）北東の谷に湧出する温泉

白骨温泉は、活火山の乗鞍岳周辺に降った雨水が地下に浸透したあと火山の高い地温で温められ、温泉の谷に湧き出てきたものである。江戸時代初期から温泉地として知られ、利用されてきた。

しかし、雨水が、単にそのまま温められて地表に出てきたというものではなく、マグマ起源の硫黄成分を含んだガスを地下で吸収し、地層のすき間を通り抜けるときには、地層のさまざまな化学成分を溶かしてさらに吸収し、特有の温泉水に変化して湧き出ている。

乳白色の湯

白骨温泉の特徴は、地下から出てきた直後はほぼ透明であるのに、時間とともに淡い緑色を帯びた乳白色に変化することである。この温泉水の色合いは、入浴した人の気持ちを癒やしている。

この温泉水が、地表へ湧出後、独特の乳白色へ変化するのは、硫黄の微粒子と炭酸カルシウムの微粒子が温泉水中に生まれるからである。

硫黄の微粒子は、乗鞍岳火山のマグマから出た硫化水素ガス（火山から出る有毒ガスとして知られる）がもとである。このガスは温泉水に溶けて地上に出てくるが、出ると同時に地上の酸素と反応して硫黄の白い微粒子へと変化し、温泉水中をただよう（この時点で、毒性は喪失する）。

もう一種類の白い微粒子は、炭酸カルシウムである。この地域の地下には、カルシウムを主成分とする石灰岩が多いので、温泉水は地下で石灰岩を溶かしこみながら地表に上がってくる。地表に出て空気にさらされると、白い微粒子（石灰石）となり温泉水中をただよい、温泉水を白濁させる。

1 白骨温泉
乗鞍岳北東の谷から湧出しており、かつては温泉成分が湯船に付着し白くなるため白船温泉と呼ばれた

2 白骨温泉公共野天風呂
湧出時の温泉水は透明だが、硫化水素(硫黄分)とカルシウム成分により時間が経つと白くなるといわれる

3 噴湯が停止し成長の止まった噴湯丘
石灰岩の塔

4 飲泉所
緑白色の温泉水の長期流出で白い石灰石がこびりつく

噴湯丘(ふんとうきゅう)と球状石灰石

温泉の南部には1922(大正11)年に国の天然記念物に指定された噴湯丘と球状石灰岩がある。地下の温泉水中で微粒子となった石灰石は、湧出孔の周囲に沈殿して集積し、次第に積み重なって石灰岩の塔となる。これが噴湯丘である。この塔は成長しながら、その最上部からは湯を噴出し続ける。

その噴出口にたまった湯の中にも石灰石ができる。できた石灰石は噴出活動で、常に転がされながら湯だまりの中で大きくなる。そのため球状になることが多い。それが球状石灰石である。なお、多数の球状石灰石が固着し、全体として球状になったものを球状石灰岩という。

温泉水が乳白色になるのは、**硫黄の微粒子と石灰石の微粒子が温泉水中で浮遊するため**である。〈塚原弘昭〉

61 上諏訪温泉（かみすわおんせん）

全国屈指の湯量 上諏訪温泉の湯はどこからくるのか

県内有数の温泉地

上諏訪は古くから温泉地として知られ、江戸時代には高島藩の城下町として栄えた。江戸時代の文献には「上諏訪に温泉四ケ所あり」と記されている。湯の脇平湯、虫湯、精進（しょうじん）湯、小和田（こわた）の平湯（ひらゆ）である。温泉は自然湧出し、浴用のほか洗濯などにも利用されていた。中央本線が開通すると温泉旅館や飲食店が増え、観光地化が進み、ポンプによる揚湯が進んだ。1971（昭和46）年には、湧出口数320口、総湧出量は毎分9150ℓ、平均温度62℃だったことが記録されている。その後、ポンプによる揚湯が進んだことにより湧出量は低下し、自噴する源泉もなくなってしまったため、温泉を統合し温泉街に給湯するようになった。

温泉水を噴き上げる間欠泉

かつては湖の中から温泉が湧き出していた七ツ釜（ななつがま）地籍で、1983年に温泉掘削がおこなわれた。この掘削作業中に突然温泉が噴き上げた。湯温は100℃を超え、熱湯が高さ50mまで時間をおいて噴き上げる間欠泉だった。この場所に間欠泉センターが建てられ、観光に活用された。その後、自噴が止まってしまったため、コンプレッサーで空気を送りこみ人工的に噴き上げさせている。

温泉掘削された地下の様子をボーリングで詳しく調べたところ、温泉を含む帯湯層が何層か発見された。主として温泉水を供給しているのは地下約100m以下に分布する塩嶺累層（えんれいるいそう）と呼ばれる凝灰角礫岩層（ぎょうかいかくれきがんそう）で、熱源はその下の花崗閃緑岩（かこうせんりょくがん）にある。周辺から供給される地下水が塩嶺累層で熱水に変わり、温泉水となっていることが明らかにされている。

断層線に沿う温泉の分布

1 上諏訪温泉片倉館
片倉財閥が女工の福利施設として建設。国重要文化財

2 上諏訪温泉街
湖畔道路沿いにはホテルや旅館が建ち並ぶ

3 諏訪湖畔の間欠泉
温泉ボーリング掘削中に噴出した。後ろの建物は間欠泉センター

4 足湯
諏訪湖畔に設けられた足湯は、観光客に人気のスポット

上諏訪温泉の源泉は諏訪湖北東側の丘陵の縁に沿って、最大幅800mで北北西～南南東方向に約3・3kmの範囲に分布する。温泉の温度分布を見ると80℃以上の高温域が細長く4列に分布し、これらが北北西～南南東方向に雁行状に並ぶ。これは地下の断層の方向と一致する。

諏訪盆地周辺には、糸魚川―静岡構造線と呼ばれる東日本を横断する断層が走っている。この断層は諏訪盆地で枝分かれして、諏訪湖の南西側と北東側を走る。上諏訪温泉はこのうち諏訪湖北岸断層群に沿って分布する。上諏訪温泉は、**断層の割れ目に沿って供給された地下水が、その下に分布する花崗岩類の熱により温泉となった**ものである。断層の延長線上に位置する下諏訪温泉も同様な理由で湯煙を上げている。

〈花岡邦明〉

62 鹿塩温泉（かしおおんせん）

山奥で温泉から塩が採れる不思議 その水の正体は？

1

標高750mの山地に塩水の温泉

鹿塩温泉は、天竜川へ東から流れこむ支流の小渋川、さらにその支流の塩川沿いにあり、源泉の水温は14℃と高くはないが、含塩分の濃度が高く、海水以上に塩辛い温泉として知られている。海から遠い長野県の南部、それも標高750mの山中にある温泉からなぜ塩水が出るのだろう。

中央構造線が温泉湧出通路

この温泉の直下には、日本で最長の断層、中央構造線が走っている。この巨大断層は、九州有明海から四国、愛知県を経て、鹿塩温泉の真下を通り、諏訪湖を経て千葉県の銚子に抜ける。地下深部に高圧の液体があれば、その上昇通路としてこの断層が使われ、地表に出現するであろう。しかし、なぜこの断層の深部に、塩水があるのか、納得いく説明は長い間なかった。

地下深くに塩水がある理由

地質学の研究が進み、西日本の太平洋沖の海底では、厚さ数十kmの硬い板状の岩盤（フィリピン海プレート）が、1年に数cmの速度で日本に向かって進んでおり、海岸付近で日本の直下にもぐりこみ、それが原因で巨大な南海地震や、東南海地震などが繰り返し発生していることが明らかにされてきた。もぐりこむプレートの上面に乗っていた海底の堆積物や海底火山の溶岩なども、プレートとともにもぐりこむ。海水（古海水）も鉱物の結晶の中に取りこまれたり、あるいは岩石のすき間に入りこんだりして、地下深部まで運ばれることになる。

地下深部では、高圧状態のため、水は絞り出され、その水は大断層を経由して地表まで上昇してくる。こ

1 塩川沿いにある2軒の温泉旅館

2 塩の製造
温泉水を釜でじっくりと煮沸し、塩を濃縮する（提供：山塩館）

3 塩の結晶
塩を濃縮後、沈殿した塩の結晶を集める（提供：山塩館）

4 山塩
商品として袋づめされた塩の結晶。職人による手作りで「幻の塩」ともいわれる（提供：山塩館）

れが鹿塩温泉で湧出している塩辛い温泉水だと現在は考えられている。

温泉水が古海水起源である証拠

このような考えは単なるアイデアではなく、温泉水の分析から確認できている。温泉水に溶けているものすべてを除去したうえで、温泉水の重さを超精密に測定することにより、地下深部の水か、雨水（川の水）か、地下水かなどの判別ができる。その結果、温泉水は数千年前の海水が起源であると考えてよいことが判明した。それにより**鹿塩温泉の塩辛い温泉水の塩は、数千万年前のフィリピン海の海水の塩である**と結論づけることができる。はるか遠方から数千万年かけて運ばれて、初めて地表に出てきた海水を含んだ温泉なのである。

なお、実物試料に興味ある人は、大鹿村中央構造線博物館の見学がおすすめ。〈塚原弘昭〉

63 氷風穴（こおりふうけつ）

天然の冷蔵庫 氷風穴は どのような地形に つくられたのか

1

江戸時代から利用された風穴

小諸市の千曲川左岸の氷地区に珍しい風穴、氷風穴がある。風穴は、山から崩れてたまった礫（れき）のすき間を通った風が冷やされて、夏でも2～5℃の涼しい風が吹き出る場所で、これを天然の冷蔵庫としていた。

氷風穴は、千曲川に面した大規模な地すべり地形に位置している。とくに明治時代には小諸の製糸業発展に寄与する重要な施設が設けられていた。その歴史は全国でも古く、江戸時代には氷を貯蔵して藩主に献上していたという記録がある。

養蚕が盛んになった明治時代になると、蚕の卵を通年管理するために風穴は全国で蚕種貯蔵施設として利用された。群馬県下仁田町の荒船風穴は富岡製糸場などとの関連で、国内最大の蚕種貯蔵施設として世界文化遺産になっている。長野県内でも上田市の氷沢風穴、松本市の稲核（いねこき）風穴などでこのような施設が設けられていた。しかし、昭和初期に日本の生糸輸出が減ってくると、風穴も使われなくなった。

氷風穴は全国でも数少ない現在も活用されている貴重な風穴で、小諸市と風穴の里保存会により整備されて見学もできるようになっている。

冷風が噴き出すわけ

氷風穴の入り口を入ったところに氷室稲荷があり、その下に6号風穴、1号風穴、5号風穴、4号風穴が配置されている。風穴は四角く掘られた穴で、まわりには安山岩の大きな礫が積み上げられている。

夏は位置が高いほうに設置された温風穴で取り入れられた空気が岩石で冷やされ、冷風が順次下の風穴に下りていくように配置されている。冬は逆に下から上に風が流れてい

1 1号風穴
長方形の穴にして、まわりを安山岩の岩で囲っている
2 6号風穴
現在でも一部は貯蔵用に利用されている
3 氷風穴
傾斜した地形に沿って風穴を並んで設け、冷風を送っていた
4 風穴があるすぐ上の斜面
崩れた大きな岩が積み重なっていて、これらの岩の合間から冷風が出ている

る。それぞれの風穴は往時には屋根がかけられて貯蔵庫となっていた。

周辺は約100万年前の小諸層群が分布するところで、ここには硬い安山岩の山があり、崩れた安山岩が谷沿いに厚くたまっていた。風穴はこの一角に穴を掘って、**大小の岩が崩れて積み重なってできた岩塊（がんかい）の間を通る風を利用していた**。

縄文時代から続く集落

氷地区は千曲川を見下ろす高台にあり、風穴よりやや標高の低い場所に集落がある。この一角には約3000年前の縄文時代晩期の氷遺跡がある。このことから氷地区は、縄文時代から人びとが住み、千曲川を見下ろす高台が集落となり、集落の中に湧き出る弘法池の水を利用した集落地となり、さらに江戸時代になると珍しい風穴の利用を始めたという長い歴史をもっていることがわかる。〈中村由克〉

64 安曇野の湧水

生産量日本一安曇野のワサビ田その湧水はどこからくるのか

1

安曇野は複合扇状地

松本盆地の中央部に広がる、なだらかな安曇野の風景。そこは、北アルプスから流れ出す多くの川（梓川・黒沢川・烏川・中房川・乳川・穂高川・高瀬川など）がつくった複合扇状地である。この扇状地は、北アルプスを構成する中生代（約2億5190万〜6600万年前）の硬い岩石からできた砂礫層でできている。扇状地の中央部（扇央）では、水が地下に浸透しやすく、黒沢川のように水無川となってしまう場合がある。

安曇野では現在、米づくりやリンゴ栽培が盛んであるが、これは灌漑用水の整備があればこそのものである。その代表が拾ケ堰で、正式名称は拾ケ村組合堰。この堰は松本市島内の奈良井川から、梓川を横断し、烏川（安曇野市穂高）まで続く約15kmの用水路で、江戸時代後期に周囲の10の村が協力して開削された。この堰は2006（平成18）年に農林水産省が選ぶ疏水百選、2016年には国際かんがい排水委員会のかんがい施設遺産に登録された。

扇状地の末端は湧水が豊富

このように扇央で地下に浸透した水は、扇状地の末端（扇端部）で、清らかな水として各所で湧き出している。安曇野市穂高地区の安曇野ワサビ田湧水群では、**多くの場所から北アルプスを起源とする地下水が湧き出し、水量は日量70万トン**といわれている。

北アルプスを構成する中生代の硬い岩石からできた砂礫層を透過した湧水はにごりが少なく、真夏でも水温が15℃を超えることはない。とくに、万水川、蓼川、欠の川の合流する三角島周辺は湧水が豊富で、犀川の河畔には日本一広いワサビ田（大王わさび農場）がある。その横には豊

1 蓼川べりに立つ水車小屋
黒澤明監督の映画「夢」の撮影でつくられた

2 春の安曇野
複合扇状地となっており豊富な湧水がある。中央の高い山は常念岳

3 北アルプスと拾ヶ堰
奈良井川から取水して灌漑用につくられた用水路で、1816（文化13）年に開削された

4 大王わさび農場
面積は15haあり、真夏でも15℃を超えない清冽な地下水を利用して年平均130tのワサビを収穫する

富な湧水がゆったりと流れている。

　この地方の豊富な水に加え、扇状地をつくる砂礫層は、ワサビ田をつくるのに適しており、この地でワサビが特産品になっていった。また、清らかで冷温な湧水を生かし、ニジマスや信州サーモンなどの養殖も盛んになった。

観光地としての発展

　ワサビの栽培は、ワサビ漬けの製法が静岡県から伝わった明治時代から盛んになった。次第に出荷量が増え、信州土産として人気が高まっていった。最近では各種のスイーツなどにも活用され、ワサビの人気がさらに高まっている。安曇野のワサビ田湧水は１９８５（昭和60）年、安曇野わさび田湧水群として名水百選に選定され、水を生かした景観は１９９５年には水の郷百選の認定を受けた。

〈田辺智隆〉

65 和田峠・星ヶ塔・星糞峠

信州から全国に流通した黒曜石はどのような場所でできたのか

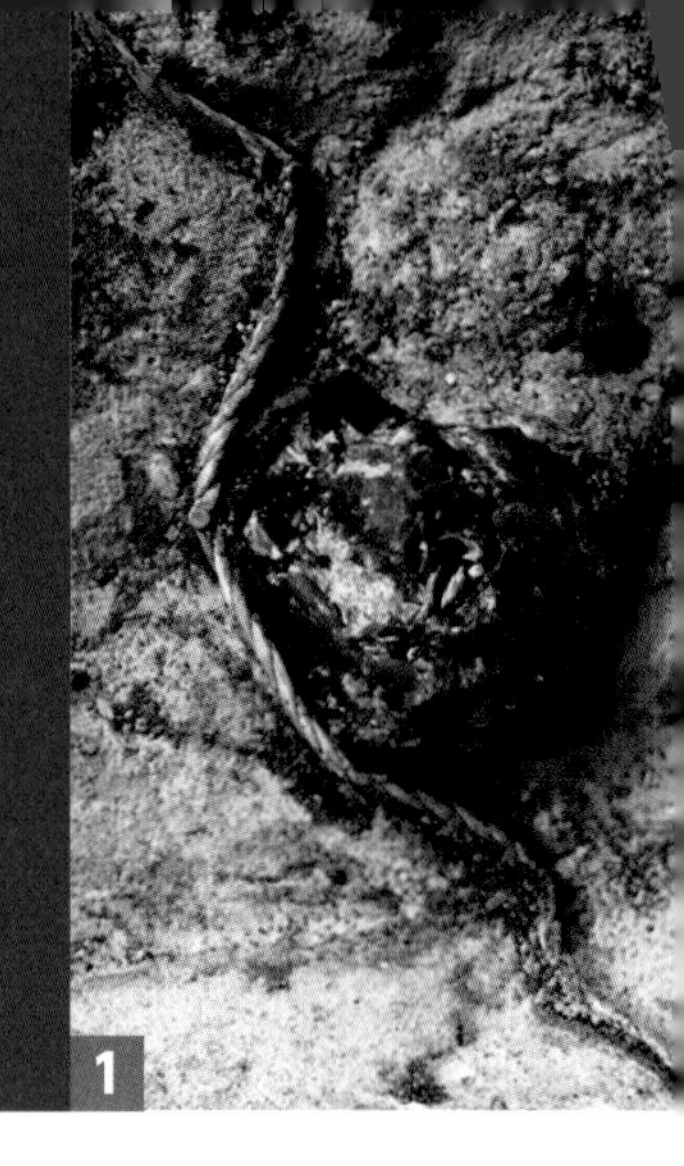
1

最古の信州ブランド

和田峠を中心とする長和町と下諏訪町では、黒曜石が産出する。旧石器時代から弥生時代に石器が道具の中心だったころには、黒曜石が最古の信州ブランドであった。黒曜石は白っぽい溶岩の流紋岩マグマが急冷したときにできる天然ガラスで、正式には黒曜岩という。流紋岩があるところならどこにでもあるわけでなく、北海道の白滝や十勝三股、九州の腰岳など限られた産地にだけある貴重な石材であった。

黒曜石を含むのは、約115万〜85万年前の和田峠火山岩類である。この火山岩類の中の溶岩や火砕流、そしてそれらが地中から噴き出すところにある火道(マグマの通り道)などの中に黒曜石がまれに含まれている。長和町の東餅屋・小深沢、三峰山南、鷹山星糞峠(以上、原産地群の和田エリア)、高松沢、牧ヶ沢(男女倉エリア)、そして下諏訪町の和田峠西(和田エリア)、星ヶ塔、星ヶ台、観音沢(諏訪エリア)などの黒曜石原産地が知られている。

このうち星糞峠と星ヶ塔では、縄文時代の採掘跡が発見されている。旧石器時代には沢で黒曜石の礫を採集していたが、縄文時代になってからは礫を拾うだけでなく、シカの角などの掘具を使って地中の黒曜石を掘り出していたことが判明した。このことから、日本列島最古の鉱山ともいえる。

黒曜石のでき方

かつて大規模な黒曜石採掘がおこなわれていた長和町の東餅屋には、黒曜石の火道が見られた。**火道中には灰色の流紋岩が厚くあり、その縁辺部の急冷した場所にだけ黒曜石ができていた**。現在、採掘場跡地は安全対策で埋め戻されている。

1 火砕流中の黒曜石
長和町星糞峠の発掘地で見つかった（提供：長和町黒燿石体験ミュージアム）
2 火道の黒曜石
長和町東餅屋。右側に流紋岩があり、中央の急冷部に黒曜石ができている
3 産出している黒曜石
長和町東餅屋
4 黒曜石の石器
長和町男女倉遺跡出土の旧石器時代の石器。左・中はナイフ形石器、右は槍先に使われた尖頭器（提供：長和町黒燿石体験ミュージアム）

また、星糞峠の発掘によって縄文時代後期の人たちが地下にある火砕流堆積物の中にある黒曜石を採掘していた様子が明らかになった。この遺跡は、星くそ館で見学可能である。

信州から全国へ

星糞峠がある鷹山は、和田峠の東餅屋などの黒曜石原産地から約6㎞離れているが、蛍光X線を使った分析では両者の化学成分が同一であることがわかった。約87万年前に和田峠付近で噴出した火砕流が鷹山まで流下して、遠く離れた場所に黒曜石が残されたと推定できた。

遠くの遺跡から出土した石器の化学成分を計測することで黒曜石の原産地の推定が可能である。それにより信州産黒曜石は中部・関東一円に運ばれただけでなく、縄文時代に北海道まで運ばれたことが判明している。

〈中村由克〉

66 戸隠山・小菅山・御嶽山

山岳信仰の聖地にはなぜ絶景が多いのか

1

山岳信仰を集める山

日常生活の中で、自然の厳しさやさしさを肌で感じていた時代、自然を恐れる一方、敬う感情も生活の中に根づいていた。そこから宗教的な思いが生まれ、山岳信仰に発展したのだとされる。

さらに山岳信仰と仏教とが結びついて修験道といわれる日本独自の宗教が生み出された。修験道は、役小角を開祖とし、修験者として山岳で修行することによって修験者は大自然から神秘的な力を受け取り、自他の救済を目指そうとする信仰である。

信州の修験場

長野県内で広く知られている信仰の山は、北信では戸隠山（1904m）、飯縄山（1917m）、小菅山（1047m）があり、ほかに木曽の御嶽山（3067m）などがある。

長野盆地やその周辺に住む人たちからは、どっしりとした飯縄山の姿が見える。その飯縄山のさらに先には戸隠山の山頂が顔を出している。飯縄山は火山で山の裾野が広い。それと対照的に戸隠山は「蟻の塔渡り」と呼ばれる難所があるように、崩壊と流水で削られ、硬いところが残った険しい山である。これら偉大な山のふところに入り、祈りと願いをしたいと思うのは、よく理解できる。

さらに飯縄山・戸隠山の東方、千曲川を隔てた向かい側の小菅山は、飯縄山や戸隠山と比べれば山体はかなり小さいが、戸隠山や飯縄山に匹敵するほど山岳信仰でにぎわっていた時代もあった。小菅神社の参道を北竜湖断層という活断層が南北に横切っていることもあり、この地では小管山からの地下水が豊富に湧出している。この水を利用して参道筋には、生活と密着した宿坊や寺院が軒を連ねてい

1 小菅神社参道入り口
役小角により西暦600年代に開山されたと伝わる

2 御嶽山登山口
702（大宝２）年に信濃国司高根道基により頂上奥社が創建された

3 戸隠神社奥社
戸隠山を背に鎮座し、祭神は天の岩戸を開けたという天手力雄命

4 冠着山での修験体験イベント
冠着山自然文化遺産保存会が主催。修験者は真言宗智山派長野北部教区青年部

た。古文書によれば、三十六坊が軒を並べ、300人ほどの修験者が修行をしていたとのことである。

一方、長野県と岐阜県にまたがる木曽御嶽山を中心とした山岳信仰がある。国内最大級の活火山である御嶽山の力をいただきたいとの思いに合わせ、地域や団体で講を組織して集団で参拝する御嶽講が続いている。

市民の山岳信仰活動

このように神仏と出会って願いごとをする場所は、どこにでもある景色の中ではなく、特別な景観の山が選ばれている。**特別な場所にこそ神や仏が現われると信じるからである。**

近年は自然に親しむ催しとして山岳信仰（修験道）体験イベントが開かれている。写真４は、冠着山（かむりきやま）（別名・姨捨山（おばすてやま））で開かれた市民体験行事の様子で、頂上付近の児抱岩（ぼこだきいわ）直下のひとコマである。

〈塚原弘昭〉

高遠城址公園と甲斐駒ヶ岳

高遠城（たかとおじょう）

諏訪から杖突峠（つえつきとうげ）を越え、伊那谷への入り口となる場所に高遠城が築かれている。この城は、戦国時代に諏訪氏の一族が築いたとされる。その後、信濃を攻略した甲斐の武田信玄が伊那谷支配の拠点にした城である。

高遠から続く秋葉街道は、三河や遠江へ侵出するための重要なルートであった。この街道は、西南日本を内帯と外帯に大きく分ける中央構造線に沿ってできた谷を利用しており、諏訪から太平洋側に続く最短ルートとなっている。伊那谷の支配と太平洋側へ侵出するための交通の要衝でもあった高遠は、武田家にとって重要な場所であった。

1575（天正3）年の長篠（ながしの）の戦いのあと、武田氏の勢いが弱まると織田軍が大軍で信濃へ攻めこんだ。1582年、この高遠城には武田勝頼の弟、仁科五郎盛信（もりのぶ）が立てこもったが、勢いのある織田軍にはかなわず落城して、討ち死にした。

高遠城は南から西へ流れる三峰川（みぶがわ）、北側を流れる藤沢川がつくった河岸段丘上に築かれている。この2つの川がつくる標高差80ｍもある急崖（きゅうがい）を守りに生かし、城内には堀や土塁を設置し、いくつかの曲輪（くるわ）が設けられている。山本勘助にちなんだ「勘助曲輪」も残っている。江戸時代は高遠藩が置かれ、上伊那地域の政治・経済の中心になった。

旧大手門

現在は国指定史跡で城址公園となっているが、明治初期には廃城となり、地域の人びとが桜の植樹を始めた。今では日本有数の桜の名所となり、春に満開となる約1500本のタカトオコヒガンザクラは高遠城址一帯を濃いピンク色に染め、多くの観光客でにぎわう観光地となっている。

〈田辺智隆〉

あとがき

信州大学名誉教授　塚原弘昭

どうしてこんな美しい景観や不思議な眺めが、自然の中で生まれたのか？　見るたびに、そんなことを感じる場所が長野県内にはたくさんあります。

そのなぞ解きを、博物館、学校、会社、あるいは居住する地域などで地学に関わっている人たちが共同で写真とともに文書にし、できあったのが本書です。

「絶景」の内容は多岐にわたり、必ずしも、著者本人の今までの経験と知識だけでは十分とはいえず、新たに文献調査や現地の調査も経験されたと聞いています。そのうえで本書では、わかりやすい解説がなされました。実際、内容を読むと具体的でわかりやすいです。

一方、本書で取り上げられた話題は広範であり、一人や二人の執筆者では本書はカバーしきれない内容であることがわかります。最新の地学研究分野の進歩も反映した内容になっています。

執筆を担当した各著者ならびに協力者に感謝申し上げます。とくに編集責任者の赤羽貞幸氏におかれては、長野県内の地質に関する深い見識にもとづき編集を進められ、おかげで本書が日の目を見ることができたといっても過言ではありません。

また、このような内容の本を出版したいと初めに提案し、その実現に労をいとわなかった、しなのき書房社長の林佳孝氏に、地学の普及に関わる関係者の一人として深く感謝申し上げます。

このような内容の本が、地学関係者の共同で出版できたことをうれしく思います。

34　野尻湖地質グループ（1990）野尻湖におけるボーリング試料の層序とその意義.地団研専報37,15-20
35　赤羽貞幸（2021）恵まれた水環境.やまのうちの自然とくらし,山ノ内町,40-51
36　多ほか3名（2000）長野県北西部,青木湖の成因と周辺の最上部第四紀層.第四紀研究39,1-13
37　熊井久雄（1991）諏訪湖の生い立ち.アーバンクボタ36,2-11
38　八ヶ岳団体研究グループ編著（2000）八ヶ岳火山—その生い立ちを探る—.ほおずき書籍,166p
39　井上公夫（2019）歴史的大規模土砂災害地を歩く（そのⅡ）.丸源書店,305p.
40　早津賢二（2008）妙高火山群—多世代火山のライフヒストリー.実業広報社,424p.
41　小林詢（2004）ふるさとの生活舞台—地形.信州高山村誌自然編,高山村誌編纂委員会,24-78
42　竹下欣宏・西来邦章・富樫 均（2015）四阿火山：成層火山体の開析地形とその利用.地質学雑誌,121,233-248
43　荒牧重雄（1969）浅間火山の地質.地学団体研究会専報14,45p.
44　中野ほか4名（1995）乗鞍岳地域の地質.地域地質研究報告,地質調査所,139p.
45　南木曽町誌編さん委員会（1982）南木曽町誌,通史編・資料編.南木曽町誌編さん委員会
46　赤羽貞幸（2010）半地溝：長野盆地-傾動地塊運動による盆地の形成.宇宙から見た地形,朝倉書店,84-87
48　赤羽貞幸（1988）上田盆地.日本の地質中部地方Ⅰ,共立出版,152-153
49　佐藤ほか3名（2022）浅間火山初期の山体で発生した山体崩壊の年代:塚原泥流に含まれる樹林片を^{14}C年代から推定.群馬県立自然史博物館研究報告,26,105-118
50　佐々木清司（2020）軽井沢.地形図でたどる長野県の100年,信濃毎日新聞社,10-13
51　長橋良隆（1998）中部日本,大峰地域の鮮新世火砕流堆積物:層序・記載岩石学的特徴.地質学雑誌,104,184-198
52　原山ほか4名（2009）松本地域の地質.地域地質研究報告,産総研地質調査総合センター,63p.
53　松島信幸（1995）伊那谷の造地形史—伊那谷の活断層と第四紀地質—.飯田市美術博物館調査報告書3,飯田市美術博物館,145p.
54　卜部厚志・片岡香子（2013）苗場山山頂の湿原堆積物に共在するテフラ層.第四紀研究52,241-254
55　苅谷愛彦・高岡貞夫・佐藤剛（2013）北アルプスの地すべりと山岳の植生.地学雑誌,122,768-790
56　叶内ほか4名（1988）八島ヶ原湿原堆積物の年代と花粉分析.日本第四紀学会講演要旨集,18,156-157
57　長野県栄村（2022）長野県栄村誌 歴史編.栄村,672p.
58　佐藤幸二（1966）長野県湯田中温泉ー噴騰泉の一例としてー.地質学雑誌,72,455-467
61　稲垣益次（1975）上諏訪温泉.諏訪の自然誌地質編,諏訪教育会,403-430
63　氷風穴の里保存会　氷風穴の里保存会HP（2023閲覧）https://fuuketsu.wixsite.com/koori
64　原山ほか4名（2009）松本地域の地質.地域地質研究報告,産総研地質調査総合センター,63p.
65　牧野ほか5名（2015）和田峠黒曜岩と石器.地質学雑誌,121,249-260
コラム（上田城）富樫 均・横山 裕（2015）上田盆地の地形発達と上田泥流の起源.長野県環境保全研究所研究報告,11,1-8

参考文献

1　志井田功・柴田博（1971）地質.戸隠総合学術調査報告,信濃毎日新聞社,387-421
2　早津賢二（2008）妙高火山群—多世代火山のライフヒストリー.実業広報社,424p.
3　島津光夫・立石雅昭（1993）苗場山地域の地質.地質調査所,90p.
4　赤羽貞幸（2021）大地の地形と地質.やまのうちの自然とくらし.山ノ内町,23-38
5　竹下欣宏・西来邦章・富樫 均（2015）四阿火山：成層火山体の開析地形とその利用.地質学雑誌,121,233-248
6　荒牧重雄（1993）浅間火山地質図.5万分の1,火山地質図6,地質調査所.
7　関谷友彦・磯田善義・中村由克（2019）荒船山山頂の表層地形・植生および遺跡分布調査予察.下仁田町自然史館研究報告 4, 59-64
8　中野ほか6名（2002）白馬岳地域の地質.地域地質研究報告,産総研地質調査総合センター,105p.
9　福井幸太郎・飯田肇・小坂共栄（2018）飛騨山脈で新たに見いだされた現存氷河とその特性.地理学評論,91,43-61
10　中野ほか6名（2002）白馬岳地域の地質.地域地質研究報告,産総研地質調査総合センター,105p.
11　竹下光士・原山 智（2023）槍・穂高・上高地　地学ノート.山と渓谷社,174p.
12,13　原山 智（2015）上高地盆地の地形形成史と第四紀槍・穂高カルデラ—滝谷花崗閃緑岩コンプレックス.地質学雑誌,121,372-389
14　中野ほか4名（1995）乗鞍岳地域の地質.地域地質研究報告,地質調査所,139p.
15　松本盆地団体研究グループ（2002）古期御岳火山の地質.地球科学,56,65-85
16　向井理史・三宅康幸・小坂共栄（2009）中部日本,美ヶ原とその周辺地域における後期鮮新世ー前期更新世の火山活動史.地質学雑誌,115,400-422
17　宮坂晃・狩野謙一（2017）北部フォッサマグナ中央隆起帯の下部更新統塩嶺累層—活発な火山活動と大規模陥没盆地の形成—.静岡大学地球科学研究報告,44,65-99
18　竹下欣宏（2022）長野県の火山入門.しなのき書房,151p.
19　新田寛野・齋藤武士（2019）北八ヶ岳・横岳最新溶岩の噴出年代と噴火プロセスの検討.日本火山学会発表要旨P051.161
20　河内晋平（1983）八ヶ岳大月川岩屑流.地質学雑誌,89,173-182
21　駒ヶ根市誌編纂委員会編（2005）駒ヶ根市誌自然編一中央アルプスの自然.344p.
22　狩野謙一（2001）赤石山地（南アルプス）ができるまで.南アルプスの山旅-地形・地質観察ガイド-.飯田市美術博物館,109-117
23　赤羽貞幸（1995）最終氷期以降における長野盆地の古環境.第四紀,27,37-44
24　寺尾真純（2001）小諸陥没盆地の形成史と火山活動.第四紀,33, 21-33
25　仁科良夫（1972）大峰面の形成過程・地質学論集.7.305-316
26　平林照雄（1993）小谷村の地形地質.小谷村誌自然編,小谷村,1-201
27　平林照雄（1984）高瀬渓谷.大町市史第１巻自然環境,96-148
29　永井節治（1995）地形・地質.上松町誌第1巻自然編,1-63
30　駒ヶ根市（2007）駒ヶ根の自然.駒ヶ根市誌自然編Ⅱ.駒ヶ根市教育委員会・駒ヶ根市立博物館, 776p.
31　河本和朗（2002）中央構造線読み方案内.天竜川上流工事事務所,93p.
32　坂本正夫（2016）赤石山脈,遠山川上流の渓谷がもつ特性.伊那谷自然史論17,飯田市美術博物館,1-15
33　松島信幸（1995）伊那谷の造地形史ー伊那谷の活断層と第四紀地質ー.飯田市美術博物館調査報告書3,飯田市美術博物館,145p.

■監修・執筆
赤羽貞幸（信州大学名誉教授）
塚原弘昭（信州大学名誉教授）
■執筆
近藤洋一（野尻湖ナウマンゾウ博物館館長）
竹下欣宏（信州大学教育学部准教授）
田辺智隆（戸隠地質化石博物館研究員）
富樫　均（前いいづな歴史ふれあい館館長）
中村由克（明治大学黒耀石研究センター客員研究員）
花岡邦明（地学団体研究会長野支部）

編集協力：オフィスえむ

信州の絶景はどのようにできたのか

2024年4月29日　初版発行

監　修　赤羽貞幸　塚原弘昭
発行者　林　佳孝
発行所　株式会社しなのき書房
〒381—2206 長野県長野市青木島町綱島490—1
TEL026-284-7007 FAX026-284-7779
印刷製本　大日本法令印刷株式会社

 ISBN 978-4-903002-80-4